U0045017

我創業，我獨角 no.7

#精實創業全紀錄 #商業模式全攻略

UNIKORN Startup 7

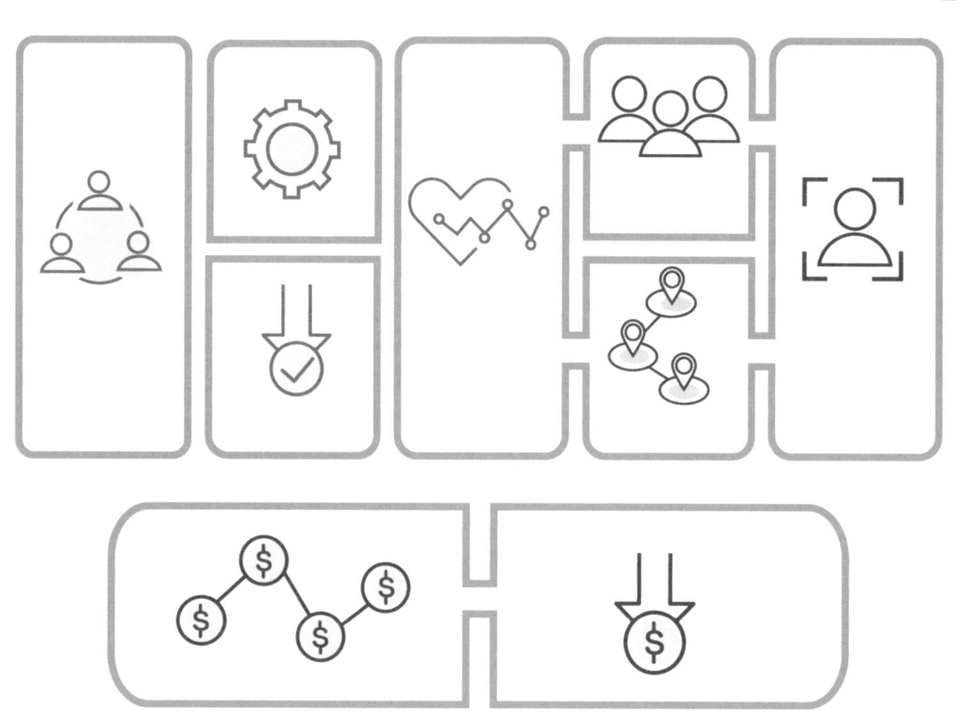

目錄

關於 獨角

獨角文化是全台灣第一個以群眾預購力量，專訪紀錄創業故事集結成冊出版共享平台。

我們深信每一位創業家，都是自己品牌的主角，有更多的創業故事與夢想值得被看見。

獨角文化為創業發聲，我們從採訪、攝影、撰文、印刷到行銷通路皆不收取任何費用。

你可以透過預購書方式化為支持這些創業故事，你的名與留言也會一起記錄在本書中。

序文

「我創業，我獨角」你就是品牌最佳代言人

——羅芷羚 Bella Luo

獨角傳媒， 對我們來說，它是一個創業者幫助創業者實現夢想的平台！在經營商務中心的過程中， 我們常常接觸到許多創業者， 其中不乏希望分享自己的品牌 / 理念 / 創業故事的企業主，可惜在這個競爭激烈的時代下， 並不是每家企業起初創業就馬上做到穩定百萬營收或是一炮而紅成爲媒體爭相報導的對象， 大部分的業主常常都是默默地在做自己認爲對的事情，直到 5 年後、甚至 10 年後，等到企業成功才會被人們看見。在這樣的大環境下， 我們發現很少有人願意主動去採訪這些艱辛的創業者們， 許多值得被記錄成冊、壯聲頌讚的珍貴故事便這樣埋沒於洪流下， 爲將這些寶藏帶至世界各地，獨角傳媒在 2020 年春天誕生了 ！

「每一個人的背後都有一段不爲人知的故事」
品牌身處萌芽期之際， 多數人看見的是商品， 但獨角傳媒想挖掘、深究的是創造商品價值的創辦人們。這些故事有些是創辦人們堅持的動力來源， 亦或夾帶超乎預期的重大使命感， 令我們備感意外的是， 透過創作本書的路程中， 我們發現許多人只是單純地爲了生存而在這片滿是泥濘的創業路上拼搏奮鬥。

因此我們要做的不單只是美化、包裝企業體藉此提高商品銷售量，我們要做得更多！透過記錄每一位創業家的心路歷程，讓他們獨一無二的故事可以被看見，幫助讀者在這些故事除了商品的「WHAT」，也瞭解它背後的「WHY」！

許多人會有這樣的迷思：「創業當老闆好好喔，可以作自己想作的事，工作時間又彈性，我也要創業。」
然而眞的創業之後，你會發現你的時間不再是你的時間，當員工一天是 8 小時上下班，創業則是 24 小時待命；員工只要按部就班每個月薪水就會轉進戶頭，創業則是你睜開眼就在燒錢，每天忙得焦頭爛額就爲找錢、找人、找資源。讀完這本書後你會發現：創業眞的沒有想像中那麼美好。
看到這裡，也許你會問我：「那還要創業嗎？採訪出書還要繼續嗎？」
我的答案是：「YES! ABSOLUTELY YES!」

大家知道嗎？目前主流媒體、報章雜誌，或是出版刊物中所看到的企業主其實只佔了台灣總企業體的2%，台灣眞正的主事業體其實是中小企業，佔比高達 98%！（註）；大型企業及上市櫃公司由於事業體龐大，自然而然地便成爲公衆鎂光燈下的焦點，在這樣的趨勢下，我們所想的是：「那，誰來看見中小企業呢？」

當星系裡的恆星光芒太過強大時，其他星星自然相對顯得黯淡失色，然而沒有這些滿佈夜辰的星星，銀河系又怎麼會如此浩瀚、閃亮？
獨角傳媒抱著讓大家看見星河裡微光（中小企業主）的理念出發，希望給大家一個全新的視角環顧世界。

不可否認的是，初期我們遇到相當多的挫折跟挑戰，但因爲有想做的事情，有想幫助創業者的這份信念，所以儘管是摸著石頭過河，我們仍會堅持走對的路，直到成功渡過腳下湍急的暗流。

如果有讀者認爲讀了這本書後便能一「頁」致富，那你現在就可以闔上這本書；獨角在這本書想做到的是透過 50 個精實成功創業者的眞實故事，讓大家意識到所謂的困難其實有路可循，過不去的坎也沒有這多，我們希望這些創業故事能成爲祝福他人的寶典！

序文

「我創業，我獨角」它可以是你的創業工具書，又或者是你親近創業眞實面向的第一步，更讓你有機會搖身一變成爲自有品牌最佳代言人，改變就從現在開始！

獨角傳媒，未來會成爲一個什麼樣的品牌呢？我們相信它是目前全台第一個擁有最多企業專訪的媒體平台，當然未來亦會持續增加；除此之外，我們亦朝著社會企業的方向邁進，獨角傳媒近來與國外環保團體合作，推出名爲「ONE BOOK ONE TREE 一書一樹」的公益計畫，只要讀者以預購方式支持書籍，一個預購，我們就會在地球種一棵樹，保護我們所處的星球在文明高度發展的情況下仍保有盎然、鮮明的活力。

另外，我們亦將定期舉辦「UBC 獨角聚」——一個 B TO B 的企業家商務俱樂部，獨角傳媒想打造出一個創業生態系，讓企業之間產生更多的連結、交流與合作契機，不再只是單打獨鬥埋頭苦幹！未來，我們相信這個平台將持續成長茁壯，也期待有更多被採訪創業故事的台灣創業家，終能走向國際舞台，成爲世界級的獨角獸公司以榮耀他們自己的創業品牌，有幸參與此過程的獨角傳媒眞的備感榮焉！

最後，我要感謝每一位受訪的創業家，謝謝你們傾力讓世界變得更美好。
値此付梓之際，我謹向你們以及所有關心支持本書編寫的朋友們致以衷心的謝忱！

將一切榮耀歸給主，阿門！

Bella Luo

（註）
根據《2019 年中小企業白皮書》發布資料顯示，2018 年臺灣中小企業家數爲 146 萬 6,209 家，占全體企業 97.64%，
較 2017 年增加 1.99% ；中小企業就業人數達 896 萬 5 千人，占全國就業人數 78.41%，較 2017 年增加 0.69%，兩者皆創下近年來最高紀錄，顯示中小企業不僅穩定成長，更爲我國經濟發展及創造就業賦予關鍵動能。

導讀

「這是最好的時代，也是最壞的時代」期待在創業路上剛好遇見你

—— 廖俊愷 Andy Liao

本書收錄超過 50 家企業品牌組織的創業故事，每個故事都是精實的。不管你是正在創業或是準備創業，相信都能發現你並不孤獨，也許你也會在這當中找到你自己創業靈感。

故事的內容總是感性的，但眞實的商業世界卻常常給我們狠狠的上了幾堂課，世界變動的速度太快，計畫永遠趕不上變化，透過 50 家企業品牌的商業模式圖，讓你直觀全局，所以在你也開始想寫一份 50 頁的商業計畫書前，也爲你自己的計劃先畫上一頁式的商業模式圖，並隨時檢視、調整、更新你的商業模式。

本書將每個故事分爲 # 創業故事 # 商業模式 # 創業 Q & A # 影音專訪四大模組，你可以照著順序來看這本書，你也可以隨意挑選引發你興趣的行業來看，你甚至可以以每星期爲一個周期，週一看一則故事，週二 ~ 週四蒐集相關的行業資訊，在週五下班邀請你的潛在合作夥伴一起聚餐，用餐巾紙畫出你們看見的商業模式。

最後用狄更斯《雙城記》做爲結尾，「這是最好的時代，也是最壞的時代」。但是，無論身處怎樣的時代，總會有一批人脫穎而出，對於他們而言，時代是怎樣的他們不管，他們只管努力奮鬥，最終成爲時代的主流。

期待在創業的路上遇見你。

Andy Liao

業故事 Business Story

1. 創業動機與過程甘苦
2. 經營理念及產業介紹
3. 未來期許與發展潛力

業模式 Business Model Canvas

以九宮格直觀呈現出商業模式圖，讓你可以同樣站在與創辦人相同的高度綜觀全局。

業 Q & A Business Question & Answer

透過 Q & A 的問答，了解商業經營的關鍵和方式。

音專訪 Video Interview

如果你對文字紀錄還意猶未盡可以拿起手機掃描，也許創辦人的影音訪談內容能讓你找到更多可能性。

精實創業 人人都是創業家

精實創業運動追求的是，提供那些渴望創造劃時代產品的人，一套足以改變世界的工具。
——《精實創業：用小實驗玩出大事業》The Lean Startup 艾瑞克‧萊斯 Eric Rice

精實創業是一種發展商業模式與開發產品的方法，由艾瑞克‧萊斯在 2011 年首次提出。根據艾瑞克 . 萊斯之前在數個美國新創公司的工作經驗，他認爲新創團隊可以藉由整合「以實驗驗證商業假設」以及他所提出的最小可行產品 (Minimum viable product, 簡稱 MVP)、「快速更新、疊代產品」(軸轉 Pivot) 及「驗證式學習」(Validated Learning) ，來縮短他們的產品開發週期。

艾瑞克‧萊斯認爲，初創企業如果願意投資時間於快速更新產品與服務，以提供給早期使用者試用，那他們便能減少市場的風險。
避免早期計畫所需的大量資金、昂貴的產品上架與失敗。
——維基百科，自由的百科全書

你正在創業或是想要創業嗎？

☐ Yes ☐ No

你總是在創造客戶價值，或是優化你的服務？

☐ Yes ☐ No

你試著探索創新的商業模式來影響改變這個世界？

☐ Yes ☐ No

如果你對上述問題的回答是“YES”，歡迎加入我創業我獨角！
你手上的這本書是寫給夢想家、實踐家，以及精實創業家，
這是一本寫給創業世代的書。

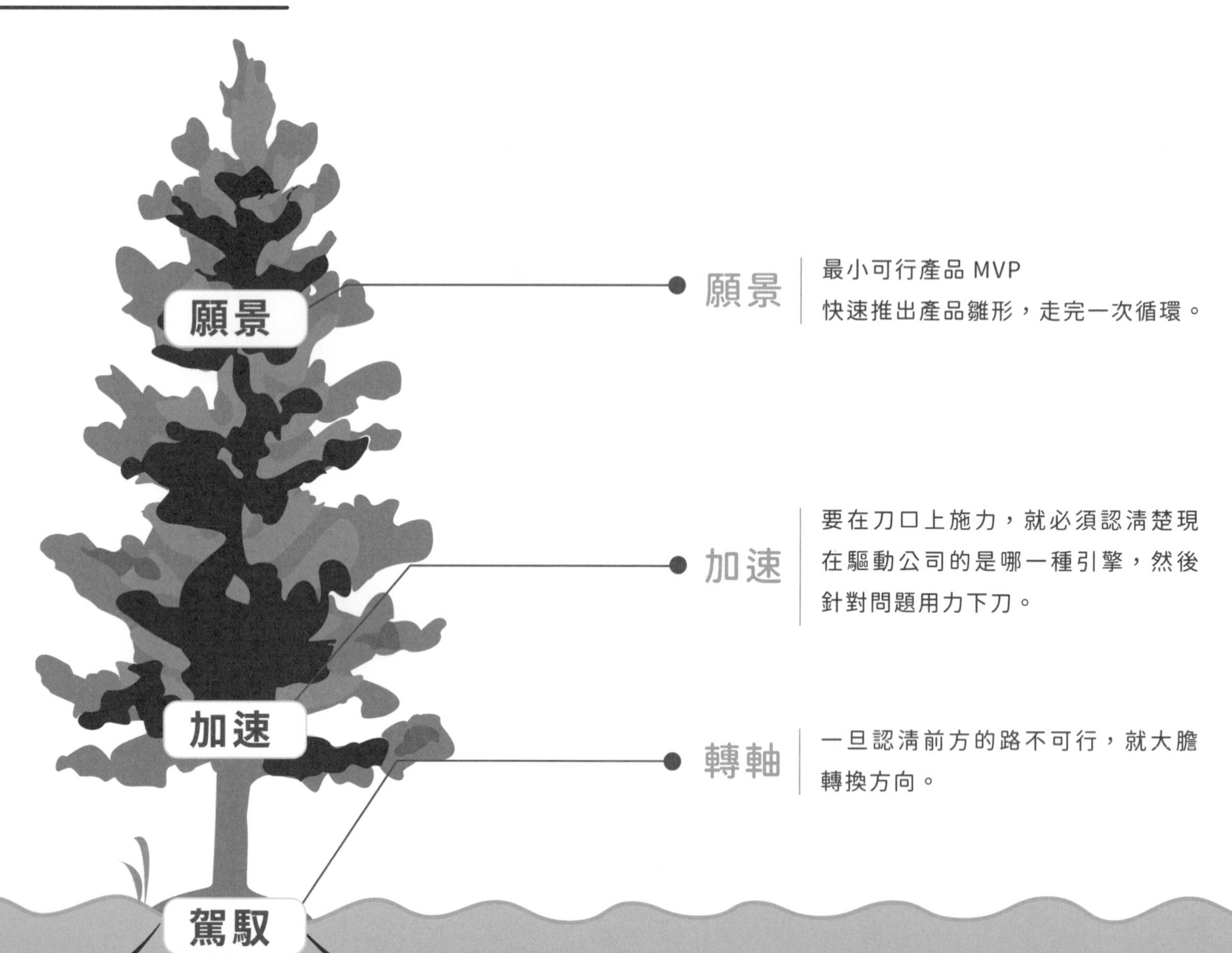
願景
加速
駕馭
願景
最小可行產品 MVP
快速推出產品雛形，走完一次循環。
加速
要在刀口上施力，就必須認清楚現在驅動公司的是哪一種引擎，然後針對問題用力下刀。
轉軸
一旦認清前方的路不可行，就大膽轉換方向。

駕馭　加速　願景

3 個成長引擎

黏著式

病毒式

付費式

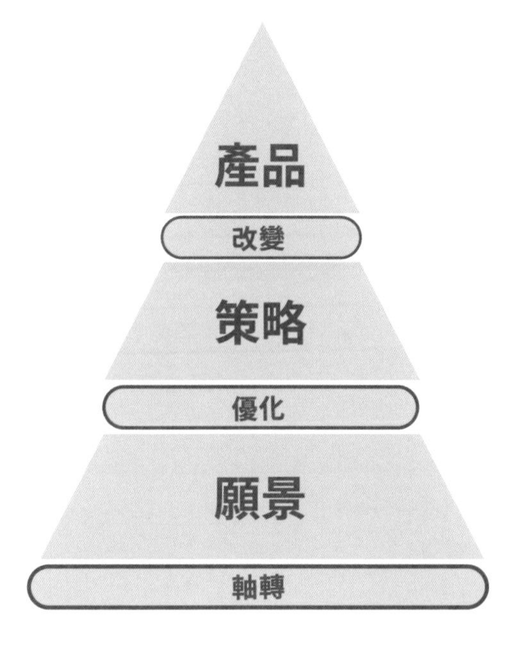

關鍵合作

誰是我們的主要合作夥伴？誰是我們的主要供應商？我們從合作夥伴那裡獲取哪些關鍵資源？合作夥伴執行哪些關鍵活動？

夥伴關係的動機：優化和經濟，減少風險和不確定性，獲取特定資源和活動。

關鍵服務

我們的價值主張需要哪些關鍵活動？我們的分銷管道？客戶關係？收入流？

類別：生產、問題解決、平臺／網路。

核心資源

我們的價值主張需要哪些關鍵資源？我們的分銷管道？客戶關係收入流？資源類型：物理、智力（品牌專利、版權、數據）、人力、財務。

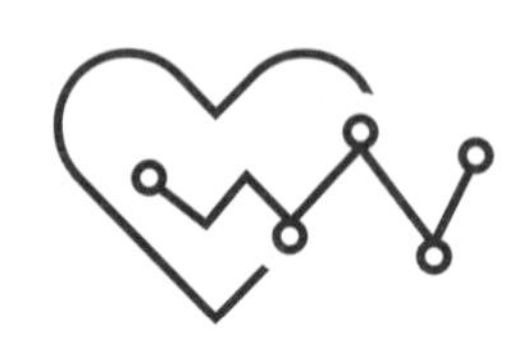

價值主張

我們為客戶提供什麼價值？我們幫助解決客戶的哪些問題？我們向每個客戶群提供哪些產品和服務？我們滿足哪些客戶需求？特徵：創新、性能、定製、"完成工作"、設計、品牌／狀態、價格、降低成本、降低風險、可訪問性、便利性／可用性。

顧客關係

我們的每個客戶部門都期望我們與他們建立和維護什麼樣的關係？我們建立了哪些？他們如何與我們的其他業務模式集成？它們有多貴？

渠道通路

我們的客戶細分希望通過哪些管道到達？我們現在怎麼聯繫到他們？我們的管道是如何集成的？哪些工作最有效？哪些最經濟高效？我們如何將它們與客戶例程集成？

客戶群體

我們為誰創造價值？誰是我們最重要的客戶？我們的客戶基礎是大眾市場、尼奇市場、細分、多元化、多面平臺。

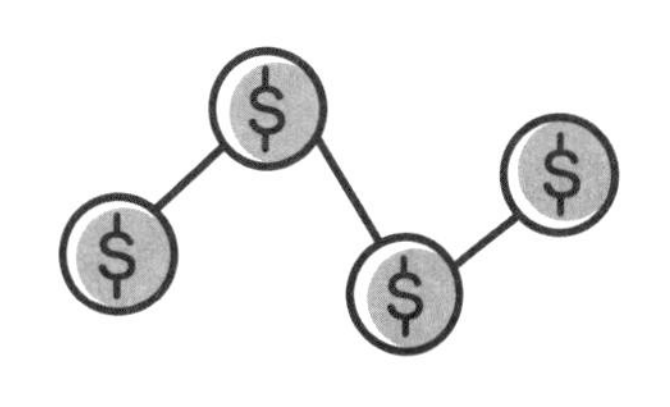

成本結構

我們的商業模式中固有的最重要的成本是什麼？哪些關鍵資源最貴？哪些關鍵活動最貴？您的業務更多：成本驅動（最精簡的成本結構、低價格價值主張、最大的自動化、廣泛的外包），價值驅動（專注於價值創造、高級價值主張）。樣本特徵：固定成本（工資、租金、水電費）、可變成本、規模經濟、範圍經濟。

收益來源

我們的客戶真正願意支付什麼價值？他們目前支付什麼？他們目前如何支付？他們寧願怎麼付錢？每個收入流對整體收入貢獻是多少？類型：資產銷售、使用費、訂閱費、貸款／租賃／租賃、許可、經紀費、廣告修復定價：標價、產品功能相關、客戶群依賴、數量依賴性價格：談判（議價）、收益管理、實時市場。

商業模式圖

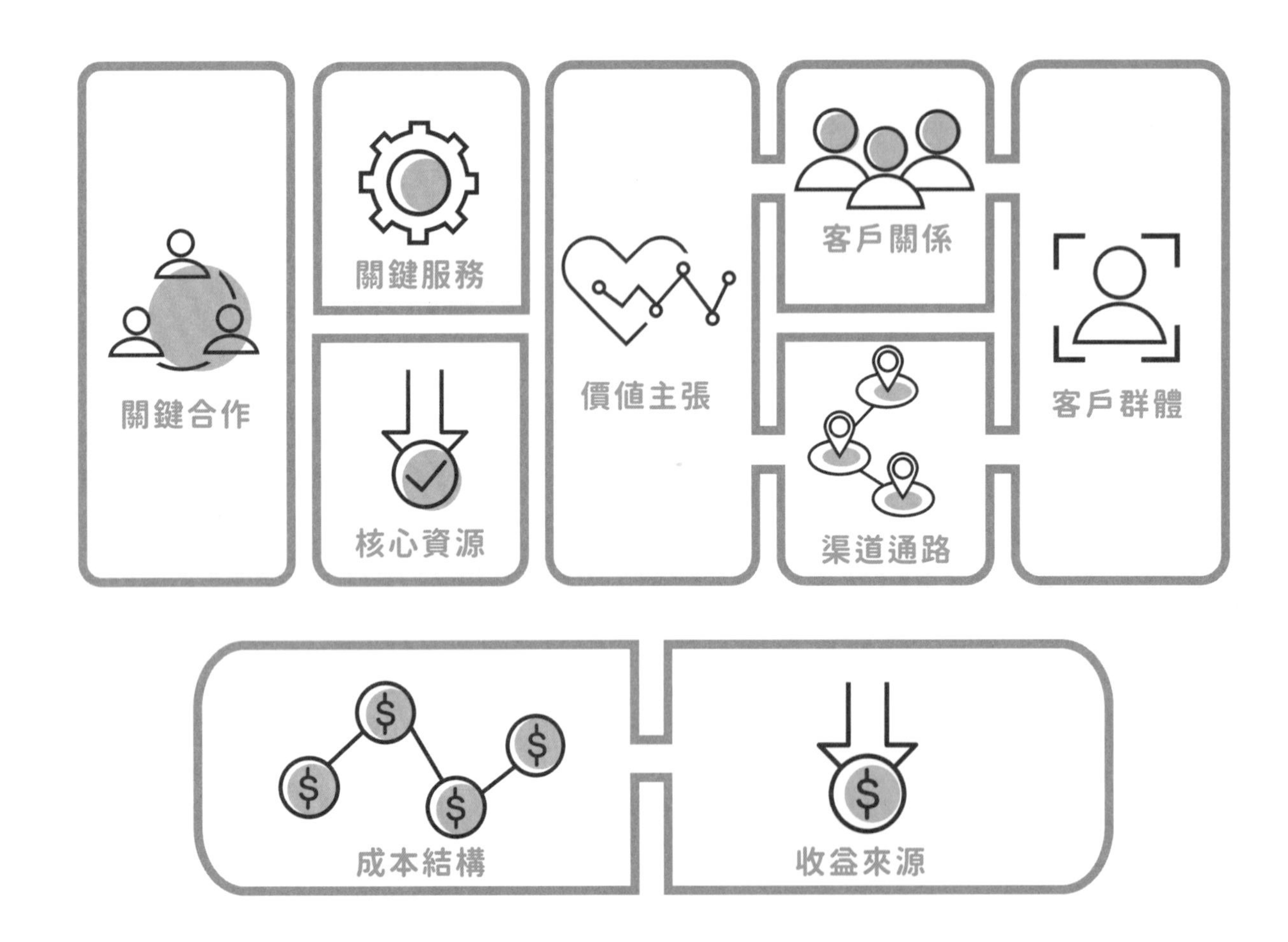

99% 的商業模式都有人想過，差異是每天進步 1% 的檢視驗證調整

爲誰提供
客戶區隔

提供什麼
價值主張

如何提供
通路通道
（客戶關係）

如何賺錢
收入來源
（核心價值、關鍵活動、主要夥伴、成本結構）

商業模式圖是用於開發新的或記錄現有商業模式的戰略管理和精實創業模板。這是一個直觀的圖表，其中包含描述公司或產品的價值主張，基礎設施，客戶和財務狀況的元素。它通過說明潛在的權衡來幫助公司調整其業務。

商業模型設計模板的九個“構建模塊”後來被稱為商業模式（圖）是由亞歷山大，奧斯特瓦爾德 (Alexander Osterwalder) 於 2005 年提出的。

——維基百科，自由的百科全書

創業 TIP

1. 幫助企業主本身再次檢視釐清整體商業模式。 2. 幫助商業夥伴快速了解企業前瞻與合作可能。
3. 幫助一般讀者全面宏觀學習企業經營之價值。

Chapter 1

Chapter 1 目錄

獨角傳媒

羅芷羚 Bella
總監暨共同創辦人

你的創業故事值得被看見，為你紀錄逐夢背後的酸甜苦辣——獨角傳媒

每位創業家都是自己品牌的主角，創業故事與夢想值得被看見，獨角力邀各產業代表，以第三人視角專訪記錄各個創業家的奮鬥史，定期舉辦商務聚會，以串聯企業間的交流合作，成為最大創業夢想實現的平台。

看見需求，運用現有資源切出品牌

獨角傳媒的總監暨共同創辦人羅芷羚（Bella）原是經營共享辦公的商務中心一享時空間，空間選址於台中市七期的黃金地段，因此接觸到許多企業主及創業者，發現到他們其實十分希望將自家的商品特色或服務特質推廣給更多人認識，但在草創時期，除了優化產品、研發新品，還要兼顧人才培育及品牌行銷，每個面向都必須付出極大的心力，看在同是身為創業家的 Bella 總監眼裡，她開始思索是否能運用現有的空間資源來幫助這些企業，進而發掘他們的潛在客戶或廠商。原本經營商業空間的 Bella 總監已有穩定的進駐企業主資源，她從採訪進駐客戶開始，在粉絲團藉由文章及媒體幫助客戶曝光，並逐漸吸引許多同樣身為企業主的朋友前來詢問，Bella 總監也發現到確實有許多企業主有此需求，2020 年的春天，Bella 總監便正式成立「獨角傳媒」的品牌。

有感於森林大火，在出版計畫中導入環保議題

現今閱聽者多從電視新聞或周刊報導可以看見知名的大型企業的訪談，不過許多小型企業、或尚處於草創期的新創企業卻不見得能有媒體曝光的機會， Bella 總監認為，每一位創業者的故事都是精彩且難能可貴的，不論是何種產業，媒體的曝光不應只是大企業才有的權利，這也是獨角傳媒的成立宗旨——採訪各個企業主的創業故事，不論是白手起家的初次創業者、抑或二代接班者，甚至是經營二、三十年的傳統老店，啟業的動念都意義非凡，若是能透過專訪讓品牌故事更廣為人知，不僅是美好且具有紀念的，亦可以讓原有的忠

實粉絲或顧客更熟悉品牌背後的價值及創業的初心，更是挖掘潛在客戶的渠道之一。Bella 總監的創業契機其實很純粹，就是希望讓更多企業的品牌故事可以在市場中曝光，每期精選五十家企業邀約合輯出版，並透過這樣的機會頒予企業主「一書一樹」的公益獎盃，而有此發想是由於 2019 年至 2020 年間，一場長達五個多月、震懾全球的澳洲森林大火，這則發人省思的新聞讓 Bella 總監決定與「**One Tree Planted**」合作—企業主僅須購買書籍，就能以他的名字在地球上種一棵樹，希望作為文化出版方、能導入環保的議題，讓企業主在參與出版計畫的同 時，也能落實公益、為地球盡一份心力。

不僅出版書籍，更與時俱進、多管齊下

我們的專訪總是免費，你只需要購書來支持我們就可以」是獨角傳媒的核心理念，本著「每個創業者的故事都是美好且值得曝光」的信念，免費讓企業主接受專訪，雖然這樣的標語讓對於獨角傳媒這個品牌還不夠熟悉的企業主心存疑慮，不過這樣的挑戰反倒讓 Bella 總監更能發現許多企業主其實不滿足於專訪的曝光，因此獨角傳媒也與時俱進延伸了 Podcast 及網路行銷等的方案服務；書籍除了上架到全台各書局，也會被收藏在國家圖書館裡，Podcast 及 Youtube 也能讓將專訪內容推廣至海外，Bella 總監笑言：「未來當人家父母或祖父母的時候，還能帶著孫子們到圖書館一邊看書、一邊話當年！」這亦是她常對企業主說的玩笑話，足見 Bella 總監與客戶真切且親和的相處，她認為出書不僅是值得驕傲與紀念的事，也是讓客戶看見團隊堅持不懈地對於這件美好的事物付出，更重要的是，能透過最適合企業主的管道，將彼此的合作效益發揮到最大。除此之外，獨角傳媒更乘勝追擊打造全新品牌—「**NEXT TAIWAN STARTUP**」。

獨角傳媒創造「三贏」局勢

並積極推動數位轉型、啟動「線上企業專訪主播募集計畫」，預計各縣市招募五至八位、全台共百位主播共襄盛舉，透過培訓各地主播進行線上企業專訪，專訪不受地區侷限、觸角更能延伸至各城市，在疫情時期也不間斷地讓更多創業故事有線上曝光的機會，同時也讓主播多一份斜槓收入，共同創造「三贏」局勢。

UNIKORN
我創業

攜手同業結盟合作、持續成長茁壯

Bella 總監說到：「我覺得創業真的不是一般人能做的事情，是要付出非常多心力的，時間都不是自己的。」身為公司的帶領者，在員工下班後仍要費心去思考如何讓團隊更成長、讓內部方案順利運行、公司未來拓展性等等一切的大小事，但背負的使命感讓她奮不顧身勇敢闖蕩，縱然起初不免伴隨著誤解與質疑的聲浪，但目前已累積專訪超過千位企業主，這對獨角傳媒而言無疑是偌大的肯定。

而隨著近幾年台灣的新創產業蓬勃發展、企業輩出，每年都有數以百計的年輕人踏上創業一途，創業者間互相關注及照應是十分重要的；因此獨角傳媒從第一本書開始便有舉辦「商務聚會－獨角聚」！在活動中串連企業之間媒合，也為新創業者建立人脈與資源、找尋合作夥伴或廠商，獨角傳媒與享時空間更攜手全台創業場域一同打造「UBC 獨角聚創業生態圈」，囊括台北和仕聯合商務空間、桃園紅點商務中心、台中皇家商務中心、台中七期享時空間商務中心、台南公園大道商務共享中心及高雄晶采共享辦公室皆受邀參與其中，讓企業之間產生更多的連結、交流與合作契機，不再只是單打獨鬥埋頭苦幹！

Bella 總監說道，關於未來的藍圖團隊布局得很扎實，她目標明確、腳步堅定，她也相信獨角傳媒這個平台將持續成長茁壯，也期待有更多合作的創業家終能走向國際舞台，成為世界級的獨角獸公司。

UNIKORN

獨角傳媒｜商業模式圖

重要合作
- 享時空間
- 閻維浩律師事務所
- One Tree Planted
- 印刷廠
- 經銷商
- 書局

關鍵服務
- 《我創業，我獨角》系列叢書
- 網路行銷
- 影音上架服務

價值主張
- 共享出版，以客觀的第三方視角紀錄精實的台灣品牌創業故事、九宮格商業模式圖，以精準的眼光看見每個品牌的獲利模式，讓讀者同步體會台灣各個角落、大大小小品牌的感動。

客戶關係
- 共同協助
- 異業合作

客戶群體
- 企業主
- 工作室
- 各式商家
- 個人品牌
- 新創企業
- 傳統產業
- 二代接班企業

核心資源
- 創業專訪拍攝
- 創業故事收錄出版
- 獨角聚商務聚會

渠道通道
- 實體空間
- 官方網站、媒體報導
- Facebook
- Instagram

成本結構
- 人事成本
- 營運成本
- 印刷成本
- 活動費用

收益來源
- 服務費用
- 產品售出費用

TIP

※ 看見需求，運用現有資源切出品牌

※ 有感於森林大火，在出版計畫中導入環保議題

※ 不僅出版書籍，更與時俱進、多管齊下

創業 Q&A

1. 生產與作業管理

在過去專訪 1000 多家企業主的故事中，不免會有企業主認爲獨角傳媒應該要提供數據或是提案！但是我們在做的是企業專訪故事，並不是一間行銷公關公司，我們是一間素材的產生者，更是讓創業者的故事有機會可以收錄在書籍裡，不僅台灣還有曝光到海外市場！我們認爲，只要你是創作者、個人工作室、連鎖品牌、百年老店 ... 都可以來報名獨角傳媒的專訪，讓自己的品牌故事可以被看見！

2. 生產與作業管理

「我們專訪總是免費，你只需要購書來支持我們。」我們每一季會遴選 200 家企業主，來接受獨角傳媒的專訪，並主動邀請 50 家企業主收錄在我們的書籍中集結成冊！獨角期待當企業主 來接受專訪的時候·可以有別於過往企業只單單曝光自家的商品跟服務，更多的是讓自己的 品牌故事成爲核心的一環！讓更多粉絲們可以更認識企業的創業心路歷程，進而的愛上自己用 心經營的企業品牌！

3. 人力資源管理

獨角傳媒未來期待可以在北部跟南部拓點，爲了當地企業主專訪的便捷性，我們相信創業的起心動念是一間公司的核心價值，更相信透過跟獨角傳媒的合作，可以讓創業者不僅是單打獨鬥，更是在這個世代的群體戰！一起讓品牌揚名國際！！

信息能量子科技廚房

謝進興
博士

傳遞正能量!爲顧客打造全方位健康飲食—信息能量子科技廚房股份有限公司

謝進興博士，為信息能量子科技廚房股份有限公司創辦人，信息能科技廚房的緣起來自紅崴金句一「一切都是為了健康，健康是自己的大事，養生保健廚房開始，從飲食中創造健康。」與「多吃細胞需要的食物、少吃嘴巴想要的食物。」與共同創辦人陳儒漢總經理，兩個人專精不同領域，一個專研物質能量信息，一位餐飲專業出身，因有這相同理念，攜手合作打造全新的信息能量子科技廚房，來幫助更多人獲得健康與生活，並傳達能量理念給予社會大眾！

跨領域合作1+1大於2—「信息能」與「日常飲食」的結合

謝進興博士專研信息能領域數十載。過往都是以養生保健、醫療器材的產品研發與製造，然而有一天，謝進興博士忽然發現不該僅侷限於用品，所謂的養生保健可以從每個人三餐飲食，或者是從每個家庭的廚房開始，因此萌生結合餐飲的念頭。謝進興博士與共同創辦人陳儒漢總經理的父親為世交，因為欣賞陳儒漢總經理的餐飲專業能力，與曾經獲得國際餐飲大賽金牌實力認證，便開啟科技「信息能」與「日常飲食」跨領域的結合，成立「信息能量子科技廚房」。

「擁有健康是每個人責任」謝進興博士觀察到，許多人身體機能出了問題後，除了怨天尤人之外，卻忘記檢視自己造成的原因，例如：缺少運動、飲食不均衡等，謝進興博士認為，健康根本是要回到自我，因此信息能量子科技廚房從飲食開始，貼近大眾生活提高獲得健康機會。

宇宙萬物都是振動的能量，而人體是流動的能量場

信息能量子科技廚房主力推廣「信息能餐點/飲食」，也期望社會大眾能對「信息能」有進一步的認識與了解。就像品牌理念—「宇宙萬物都是振動的能量，而人體是流動的能量場」謝進興博士進一步說明，人體就像一個流動的能量場，流動得順就能獲得健康；當流動被阻塞，健康就會出問題，而這一切都與每個人的日常有關，與飲食、運動、習慣有著密不可分的關係。因為坐姿歪斜、走路姿勢駝背的問題，

1. 五行健康養生套餐 2. 百人宴會-客人用餐照 3. 紅崴經銷商-餐會 4. 股東用餐體驗 5. 開幕用餐 6. 開幕活動 7. FB 年菜直播

透過足弓力學調整與改善，都是過去謝進興博士專精的領域。

為了擴大對於健康領域的投入，謝進興博士找來陳儒漢總經理，以飲食為基礎，結合量子科技之技術，提供給顧客健康養生料理與食品，內容包含食物烹調、常溫與冷凍食品的研發製造服務，不僅提供熱騰騰的料理，也讓顧客可以將健康又美味食物帶回家與家人分享。

挑戰未知十分艱辛，但一次成功的喜悅就會忘記前一百次的失敗

信息能量子科技與餐飲跨領域結合，過程雖然艱辛，但信息能量子科技廚房做到了！陳儒漢總經理一開始對於跨足科技領域也抱持懷疑的態度。倖而就學時期主修西餐，專精分子料理領域，隨著不斷研究與了解，觀察到信息能料理與分子料理概念具有類似之處，引起陳儒漢總經理的興趣，慢慢研究中發現科學與物質是相呼應，在未知中探索，更結合中醫五行經絡與藥理相關論點，憑著熱情與堅持，最終完成料理的研發。

陳儒漢總經理分享：「一次成功的喜悅就會忘記前一百次的失敗」，目前信息能量子科技廚房產品以醬類為主，讓顧客在家中料理時，加入一點醬就能輕鬆加入好的信息能，希望透過美味口感，吸引不瞭解信息能一般大眾，因為美味而購買，進而獲得健康。

信息能量子科技廚房，傳播健康能量到世界每個角落

關於信息能量子科技廚房的經營，謝進興博士與陳儒漢總經理有著相同的規畫藍圖。第一點，未來規劃在台灣各地開設實體餐廳，讓有興趣信息能料理的消費者能夠前往體驗；第二點，產品研發後量產化，讓更多消費者能將產品帶回家，在家中也能輕鬆享用健康又美味料理；第三點，期望信息能量子科技廚房能夠擴展至海外，傳播健康能量到全世界。

信息能量子科技廚房，因有著兩位創辦人—謝進興博士與陳儒漢總經理，專職各自專業領域，透過討論整合並且秉持著尊重專業的想法，完美結合完成目標，將不可能變成可能。

Tip：擁有健康是每個人責任

Tip：宇宙萬物都是振動的能量，而人體是流動的能量場

Tip：一次成功的喜悅就會忘記前一百次的失敗

Tip：尊重專業，各司其職

信息能廚房
全球首創信息能料理
五行健康養生餐．私廚料理．複合式

信息能量子科技廚房｜商業分享

- 科技技術
- 餐飲專業
- 料理方法

- 科技技術
- 餐飲專業
- 料理方法

- 信息能量子廚房品牌理念—「信息能量子科技廚房宇宙萬物都是振動的能量，人體是流動的能量場。」謝進興博士進一步說明，人體就像一個流動的能量場，流動得順就能獲得健康

顧客關係

- 獲得健康
- 身體機能改善

- 一般大眾

- 產業經驗
- 專業技術

- 服務人員
- 官方社群

成本結構

- 營運成本
- 人事成本
- 設備採購與維護

收益來源

產品銷售

創業 Q&A

1.生產與作業管理-主力產品的重點里程碑是什麼?

「推動信息能的健康飲食文化，建立信息能的全球餐飲產業」爲企業兩大使命與願景，更是主力產品推動中，最核心也是最長遠的里程碑。

2.行銷管理-接下來會做什麼廣告?

讓全國民衆知道「信息能量子科技廚房」的存在，所以會不斷對線上線下曝光打下基礎再讓民衆更知道「健康飲食」與「信息能」結合後，所創造出來的福音，帶給大家更多更美好的健康未來。

3.人力資源管理-團隊的協調如何執行?有特別下功夫在這塊嗎?

首先不斷做內部教育培訓，不斷在專業面、心靈面、技術面下功夫，再延生邀請外部講師做優化培訓提升。

4.研究發展管理-公司規模想擴大到什麼程度?

「一切都是爲了健康，健康是自己的大事，養生保健廚房開始，從飲食中創造健康。」有廚房、有人的地方就是發展目標方向，立足臺灣放遠全世界。

5.財務管理-未來有什麼必須的增資計畫?

15年內將往建立中央工廠邁進，讓產品量化、品管等相關產品系統化並走向出口貿易進軍，那就必須再增資。

微醺餐酒館

王紹棋George
董事長

美食X美酒X美景，享受生活每一刻—微醺餐酒館

王紹棋George，微醺餐酒館董事長。因緣際會創立「微醺餐酒館」，以獨特的歐陸餐飲，傳遞品牌理念。期望透過餐飲體驗，讓每位前來的顧客都能享受人生美好的微醺時刻。

人生就是充滿驚喜！因緣際會，開啟無限可能

微醺餐酒館董事長—George談起創業契機，笑著說：「人生就是充滿驚喜，因緣際會下創立了微醺。」微醺餐酒館的前身是微醺亞果招待所，是一個私人招待所，最一開始是希望能打造放鬆氛圍，來招待朋友與出海歸來的國外客人。想不到美味的餐點與愜意的氛圍營造，讓好口碑一傳十、十傳百，好評不斷擴散下，讓George決定創立「微醺餐酒館」，結合餐飲、藝術、音樂與時尚元素，並融入自己的人生哲學—生活就是需要適度放鬆，來點美食與美酒，欣賞自然美景。

「微醺餐酒館」品牌由來也十分特別。微醺的英文是Vision，中文意思為視野。餐廳坐落在台南安平亞果碼頭，享受台灣八景之一的【安平夕照】，為一大賣點。從白天的青藍色，到下午夕陽的紅橘色，以及晚上的暗紫色，時時刻刻都展現著不同的風情面貌，George期望打造由內看到外都很漂亮，讓顧客可以享受美景與美食。Vision也有「願景」另一種含意，George也想傳遞給顧客—享受生活，與家人朋友共度美好時刻，共創回憶的生活態度。

生活是一種態度，享受是一門藝術 微醺餐酒館品牌理念

微醺餐酒館的四大品牌經營目標—餐點價值、藝術價值、音樂價值、時尚價值。George認為，藉由來到微醺的餐飲體驗，傳達給每一位顧客—「生活可以講究，而不用將就！」生活上有很多體驗，包含餐點、景色、音樂，不只有餐盤上的食物而已。

來到微醺餐酒館，不僅可以體驗到歐陸特色餐

點，像是招牌的「威靈頓牛排」，由英國威靈頓公爵所研發，微醺餐酒館讓一道需費工三到四小時的英國百年佳肴，縮短成半小時就可上桌品嚐，其他包含「西班牙橄欖油泡蝦」、「義大利麵與燉飯系列」、「德國豬腳」都是餐廳的人氣餐點。George與畫廊合作，在餐廳內展示藝術家畫作。除此之外，更規劃音樂之夜安排駐唱歌手，歌手現場Live演奏與互動，傳遞音樂的感染力。微醺餐酒館將西方菜色結合台灣在地食材，中西合併的創新，George認為這是一種時尚的展現，把自身熟悉的事物，注入想做的事，端出獨一無二的創意。

George所強調生活哲學—「生活是一種態度，享受是一門藝術。」並將這個想法融入在微醺餐酒館的經營上。

經歷疫情困境，磨練出堅強心智與團隊凝聚力

在品牌創業初期，微醺餐酒館就遇到Covid-19疫情的影響，面臨禁止內用政策、消費者人心惶惶，以及員工確診等狀況，George與經營團隊即時調整步調，不斷調整應變策略，在五月疫情來襲時，推出餐點外帶策略，讓服務員變成外送員，及時的應變讓微醺餐酒館當月還有近90萬的營收。

隨著疫情的趨緩，開放餐廳內用，顧客開始陸續回流，餐廳在經營上也更加穩定。George也發現，經過疫情的艱辛，留下的主管、團隊也都更加成熟，面對其他大小問題，解決上更加得心應手，彼此間凝聚力也更加緊密。

「微醺餐酒館」美好的體驗與生活態度，傳遞給更多人

關於微醺餐酒館的未來經營，George決定一步一腳印，讓品牌更扎實成長。短期讓目前兩家分店更穩定成長，也規劃行銷活動提升業績與品牌知名度；中期目標，規劃拓點至台南附近嘉義或高雄，並順勢推出分店限定餐點；長期品牌將更著重在北部、中部拓點擴散，以及創立其他餐飲品牌像是火鍋或燒烤類型，透過分店的增加、多元餐飲類型發展，讓更多人體驗到微醺想傳遞的價值與生活態度。

對於想創業的人，George認為最重要的三點：想清楚、資金是否充足、詳細的短中長期規劃。因為創業並不是一時興起的想法，也不是逃避目前工作現狀的藉口，創業之後需要面對更多挑戰，扛起更大責任。創業之前想清楚，創業之後堅持下去，會發現自身也會受益良多。

CHAMBOLLE-MUSIGNY

Tip：生活是一種態度，享受是一門藝術

Tip：時尚的展現—是把自身熟悉的事物，注入想做的事，端出獨一無二的創意。

Tip：創業之前想清楚，創業之後堅持下去

微醺餐酒館 | 商業分享

重要合作

- 餐飲
- 服務
- 音樂演奏
- 藝術展示
- 品酒課程
- 場地租借

關鍵服務

- 客製餐點
- 訂製流程
- 音樂演奏規劃
- 微醺品酒殿堂
- 場地租借使用

價值主張

- 生活是一種態度，享受是一門藝術—微醺餐酒館品牌理念。品牌經營目標—餐點價值、藝術價值、音樂價值、時尚價值。
George認為，藉由來到微醺的餐飲體驗，傳達給每一位顧客—「生活可以講究，而不用將就！」

顧客關係

- 服務
- 音樂演奏
- 藝術品展示

客戶群體

- 商場客群
- 家庭客群
- 一般大眾
- 商務客群
- 企業公司
- 社團客群

核心資源

- 產業經驗
- 專業技術
- 培訓制度
- 異業結盟
- 社會人脈

渠道通路

- 餐廳
- 社群媒體/粉絲專業/IG
- 網路曝光/Google
- 自媒體合作/部落客/網紅
- 異業合作/餐廳/酒吧

成本結構

- 營運成本
- 人事成本
- 物料成本
- 商場租金
- 水電網路
- 設備採購與維護

收益來源

餐飲內用收入
精緻外燴收入
場地租用收入
異業合作分潤
藝展合作分潤

創業 Q&A

1.生產與作業管理-有沒有想幫產品再多加兩三個關鍵特色?如果要加那會是什麼?

務必先有客觀及量化的統計，更清楚顯現想達成的質化追求目標。與團隊共同討論，面對問題、達成共識、制定短中長期的的執行策略。再來就是不斷的PDCA，找到目標達成!

2.行銷管理-公司社群媒體的策略是什麼?

借力使力不費力!所有能夠協助公司品牌曝光、價值推廣的群衆(VIP客戶、網紅、部落客、社群媒體)都是我們微醺好友的成員。全都享有用餐餐折扣與品項招待的優惠體驗。

3.人力資源管理-未來一年內，對團隊的規模有何計畫?

需要品牌長期規劃提案執行的企劃、發想檔期活動、整合各間廣告平台的夥伴，以及影片拍攝剪輯師的加入，發展短影片因應未來趨勢

4.研究發展管理-公司規模想擴大到什麼程度?

未來一年，會更著重每個崗位的專業度(培訓)以及加強互相溝通的協調性(合作)。在不增加人力成本的條件下，運用現有團隊，發揮出更好的餐飲體驗價值。

于凡室內設計

王克帆 Kevin
設計總監

YU FAN interior design

用理解，實現您對空間的感受-于凡室內設計

「于凡室內設計」創辦人-王克帆Kevin，父親也是室內設計公司經營者，從小就耳濡目染與「空間」、「色彩」、「美感」的環境中。Kevin看著父親對於空間施展的「魔法」很是著迷、嚮往。出社會後，Kevin對於「設計」仍然抱有理想與熱情，於是創立「于凡室內設計」，以「服務」做為最大特點，全心全意對待每一個客戶、致力完成每一案件，與客戶攜手創造夢想家園。

耳濡目染、潛移默化

Kevin 設計總監從事室內設計的起心動念來自於父親。父親擁有自己的設計公司，Kevin從小在充滿色彩、材質和無限創意的環境長大。1999年九二一大地震，當時父親一手設計重建奶奶的別墅，看著設計稿一點一滴、一磚一瓦的被實現，落實成全新的建築，過程有如施展魔法一般，讓 Kevin深深著迷。帶著對設計的濃厚興趣以及童年的這份感動，Kevin結合妻子平面設計的專業，共同創辦「于凡室內設計致力細心傾聽客戶需求，提供專業服務，陪伴客戶實現夢想中的居住空間。

理解傾聽、攜手實踐理想

Kevin理解，「打造屬於自己的家」是人生大事，人與空間「朝夕相處」，自然必須謹慎對待、考慮周全。「于凡室內設計」致力於傾聽客戶的需求，將生活習慣完美融入於設計，兼具美感並顧及您對空間的「感受」，攜手實踐理想、夢想的家園。Kevin相信，一個專業團隊的力量遠遠大於個人所能貢獻。「于凡室內設計」之所以能提供卓越、多元創新的服務，在於擁有強大的團隊資源，Kevin將設計師視為夥伴而不僅是員工，鼓勵每位團員參與討論、腦力激盪，發揮每一個人的專長與才能，共同協作創造出最佳解決方案。因此，「于凡室內」致力培訓設計師，定期進修學習，持續在產業內輸出優於業界的專業服務。

1.、2.、3.、4.大山一墅

「挫折」是學習與成長的重要途徑

Kevin 分享，最初踏入室內設計產業由畫圖助理做起，對於現場施工有許多不熟悉的地方，因此與師傅時常有溝通上的問題。這份挫折激發Kevin主動解決問題的動力：帶著電腦到工地畫圖、積極了解案場細節、累積專業知識。積極的態度讓師傅深感信服，甚至在遇到問題時主動與 Kevin討論。這次經歷，讓 Kevin感受到滿滿的成就感，以積極態度面對挑戰、解決問題，「挫折」就不再只是阻礙，而是成長與學習的重要一課。另一個讓 Kevin保持動力的來源，來自與客戶的互動與回饋。一次印象深刻的案件是，同時和八個家庭成員開會討論，Kevin盡心顧及每一成員的生活習慣及需求，聽取意見，加以整合融入在空間當中。這次全員討論的經驗、共同編織對家的想像的歷程，拉近家人間的距離，過程溫暖溫馨。完工後，客戶回饋這是一個會令人回味一輩子的家，這次的案件對於團隊、Kevin是莫大鼓勵與榮幸，讓他持續保有力量服務更多客戶。

經營者利器-「解決事情的能力」

「于凡室內」目前的目標是將品牌和理念推廣給更多消費者。「團隊」是于凡室內的重要資產，未來也會持續帶領團隊學習成長，讓每個成員都能成為獨當一面的專業設計師。對於創業建議，Kevin強調，「對的位置，創造最大效率」精準分配勞力與時間，發揮每個成員專長，提升輸出效率是領導者須具備的思維。再來是了解自己從事產業提供的「價值」，首要將資源、成本投入於核心服務，以留住客戶進而求穩定成長。Kevin鼓勵，身為創業者不要害怕辛苦，要勇於面對困境，並學會如何解決問題。「沒有解決不了的問題，一切在於用什麼心態面對」，堅毅的心智，讓Kevin 從製圖助理一路過關斬將，成為帶領「于凡」的大家長。

于凡室內設計 | 商業分享

重要合作

- 與軟裝公司相互配合。

關鍵服務

- 致力細心傾聽客戶需求，提供專業服務，陪伴客戶實現夢想中的居住空間。

價值主張

- 精準分配勞力與時間，發揮每個成員專長。

顧客關係

- B2B
- B2C

客戶群體

- 任何有空間設計需求之客戶。

核心資源

- 團隊資源

渠道通路

- 實體空間
- 官方網站
- 媒體報導
- Line@

成本結構

- 營運成本
- 人事成本

收益來源

顧客收益

創業 Q&A

1.生產與作業管理-有沒有想幫產品再多加兩三個關鍵特色?如果要加那會是什麼?

我們把原本作爲建材，生硬的木皮板透過雷射切割製成有趣的DIY文創商品。這樣不僅能展現原木紋理之美，也能讓遊客從自己動手做之中得到趣味。同時我們堅持著推廣彰化觀光的初衷，也秉持著「越在地就越國際」的理念來設計商品，靈感與元素取材自我們所在的鹿港，然後全彰化，甚至是全台灣。希望遊客透過玩卷木的文創產品來認識自己的發源地。

2.行銷管理-公司目前如何行銷自家產品或服務?如果還沒開始，有什麼行銷計畫?

1. 開發更多與在地文化相關的有趣商品，並結合地方節慶或活動，例如鹿港年度大節－鹿港慶端陽，我們設計了龍舟造型的文創商品；還有結合生態、人文知識教育的商品與活動來行銷。 2. 透過公益課程「森活小學堂」，提供了免費且與彰化在地生態相關的DIY玩具與課程，將我們最有趣也富有教育意義的DIY創客教室帶進彰化縣內各國小校園。

3.研究發展管理-如何讓市場瞭解你們?

「要改變別人，不如先改變自己」。在這個日新月異的時代，不能想著等市場來認識我們，而是要主動出擊。因此我要求團隊必須去了解市場，研究市場，要能掌握目前市場上大大小小的變化與需求，緊緊追蹤，不停地跟著大環境做滾動式的調整，來達到更精準的行銷。

卷木森活館

黃昱哲
總監

一卷木皮，細心收藏美好回憶—卷木森活館

黃昱哲，卷木森活館總監。經營家族木皮工廠事業，為了推廣木皮板知識，打造全台第一間木皮板觀光工廠—卷木森活館。透過趣味、動手DIY課程，更生活的方式貼近大眾，讓卷木的知識與文化傳遞出去。

卷木，成爲裝潢實木皮的代名詞

黃昱哲總監家族所經營的木皮工廠，主要生產木皮板供應市場裝潢需求。木皮板的製造，是由木塊原料製作成一片片的木皮板，成品以一卷一卷的方式呈現，黃昱哲總監將他取名為「卷木」，期望透過貼切好記的名稱，讓消費者了解，成為裝潢材料實木皮的代名詞，就像iphone之於智慧型手機，讓人有更直接的連結。

為了宣傳「卷木」，黃昱哲總監創立全台灣第一間，以介紹木皮板為主軸的觀光工廠，包含卷木製造過程、產業知識、DIY親子手作課程，讓消費者以輕鬆狀態了解卷木，在玩樂中學習新知識。

然而，過程不是一帆風順，總是要面對幾段波折。為了通過評鑑成為合法觀光工廠，面對評審委員的高標準，在高壓之下，黃昱哲總監與夥伴只能硬著頭皮撐住。為了順利通過評鑑，黃昱哲總監使出「軟硬兼施」—軟性，強化團隊觀光產業的知識，觀摩成功元素；硬性，硬體需要符合工安消防法規，黃昱哲總監說到，印象最深刻是為了要符合消防法規，要拆除一面他們用盡心血，認為最有特色亮點的主題牆，即時當下有萬分的惋惜，也只能取捨。

「傳遞歡樂，製造美好回憶」是卷木森活館不變的經營理念

黃昱哲總監認為，觀光工廠就是歡樂的集散地，和每位消費者「傳遞歡樂，製造美好回憶」。透過不論是卷木製造故事、親子DIY課程，創造更多美好，讓大家帶著笑容到來，帶著更大的笑容離開。

成為全台第一間木皮板觀光工廠，黃昱哲總監有著更大的使命—結合彰化在地文化。因此，卷木森活館DIY手作課程，都可以看到彰化特色的身影，黃昱哲總監與團隊發揮創意與巧思，將濕地招潮蟹與黑面琵鷺結合在雷射雕刻的DIY手作產品體驗課程，讓大朋友小朋友可以在製作過程了解更多知識，發現彰化更多有趣特色，玩中學獲得歡樂回憶，是卷木森活館一直致力的目標。

1. 巷木大廳　2. 巷木咖啡廳　3. 巷木咖啡廳 下午茶　4. 巷木森活館 外觀照　5. 巷木展區　6. 巷木公益活動 森活小學堂　7. 彰化縣長參與彰化縣旅遊產業協會交接典禮授獎

結合在地元素，讓巷木更不一樣

一路走來，黃昱哲總監認為創立巷木森活館，是十分正確的選擇。木皮板的使用壽命長，如果妥善使用與保存，長達10年到20年的使用不成問題。也因為木皮板這個特色，當父母帶著小朋友一起來體驗巷木DIY，過程也許短暫，卻保留當時美好的時光回憶，當小孩長大成人，巷木DIY商品仍是父母與小孩共同連結的回憶。

巷木森活館從一開始寥寥可數的商品，到現在累積上百種巷木周邊，都是透過夥伴的努力耕耘。近期，巷木森活館積極結合彰化在地特色，更與市政府、彰化小學合作，這些努力也獲得工業局職人手作、節慶首選等許多獎項的肯定。

忠言逆耳，將批評當成養份，成爲成長助力

關於巷木森活館經營，黃昱哲總監訂定階段目標。

在短期目標中，將跟彰化在地有更深入的連結，將彰化獨特、快失傳的文化透過文創產品傳遞出去；中期目標能持續致力於公益、回饋社會，偏鄉小學合作，帶入更多知識文化；長期目標則是打造巷木2.0，加入國際文化，讓消費者不用出國也能與國際接軌，了解不同國家的民俗風情。

對於想創業的人，黃昱哲總監也予建議：

忠言雖然逆耳，但是若能吸收批評，轉念消化變成養份，都將成為人生旅途的助力！這是黃昱哲總監經營以來的體悟，以謙虛接受批評態度，不斷成長努力！

卷木森活館 | 商業分享

重要合作

- 彰化文化結合
- 小學課程合作

關鍵服務

- 產業技術
- 產業資源
- DIY課程

價值主張

- 觀光工廠就是歡樂的集散地，和每位消費者「傳遞歡樂，製造美好回憶」。透過不論是卷木製造故事、親子DIY課程，創造更多美好，讓大家帶著笑容到來，帶著更大的笑容離開。

顧客關係

- 遊客

客戶群體

- 一般大衆

核心資源

- 產業經驗
- 工廠設備
- 專業技術

渠道通路

- 觀光工廠
- 官網
- 粉絲專頁
- 服務人員

成本結構

- 營運成本
- 人事成本
- 設備採購與維護

收益來源

產品販售
規劃服務

Tip：傳遞歡樂，製造美好回憶
Tip：忠言逆耳，將批評當成養份，成為成長助力
Tip：帶著笑容到來，帶著更大的笑容離開。

創業 Q&A

1.生產與作業管理-有沒有想幫產品再多加兩三個關鍵特色?如果要加那會是什麼?

我們把原本作爲建材，生硬的木皮板透過雷射切割製成有趣的DIY文創商品。這樣不僅能展現原木紋理之美，也能讓遊客從自己動手做之中得到趣味。同時我們堅持著推廣彰化觀光的初衷，也秉持著「越在地就越國際」的理念來設計商品，靈感與元素取材自我們所在的鹿港，然後全彰化，甚至是全台灣。希望遊客透過玩卷木的文創產品來認識自己的發源地。

2.行銷管理-公司目前如何行銷自家產品或服務?如果還沒開始，有什麼行銷計畫?

1. 開發更多與在地文化相關的有趣商品，並結合地方節慶或活動，例如鹿港年度大節－鹿港慶端陽，我們設計了龍舟造型的文創商品；還有結合生態、人文知識教育的商品與活動來行銷。 2. 透過公益課程「森活小學堂」，提供了免費且與彰化在地生態相關的DIY玩具與課程，將我們最有趣也富有教育意義的DIY創客教室帶進彰化縣內各國小校園。

3.研究發展管理-如何讓市場瞭解你們?

「要改變別人，不如先改變自己」。在這個日新月異的時代，不能想著等市場來認識我們，而是要主動出擊。因此我要求團隊必須去了解市場，研究市場，要能掌握目前市場上大大小小的變化與需求，緊緊追蹤，不停地跟著大環境做滾動式的調整，來達到更精準的行銷。

易潔智能環衛股份有限公司

蔡易潔
董事長

期許你我，「疫起」努力-易潔智能環衛 EC Clean

「易潔智能環衛 EC Clean」創辦人—董事長蔡易潔博士，於2002年全球爆發的嚴急性呼吸道症候群（SARS）為全球疫情敲響的第一聲警報，感悟到Coronavirus強變異性病毒將會對各國人類產生衝擊，且對全球帶來的動盪。帶著這份前瞻的憂慮蔡博投身研究，與各方專家分析發現，冠狀病毒DNA變異基因特性，並且在不久將來將迎接另一波全球性疫情。於是創立「易潔智能環衛 EC Clean」，以「為人類健康努力」及「推廣公共衛生」為經營理念，不斷持續開發前瞻性的優異「無傷人體清潔消毒」產品，建構對抗未來病菌肆虐的防護網、保護傘。期望為下一代打造健康、安全的環境，延續人類永續生活的福祉。

為下波疫情建立「防護網」

2012年中東呼吸症候群冠狀病毒感染症（MERS）肆虐於人畜共通傳染時，當時被困在杜拜的蔡博，深感疫情在這世代因全球化擴及的驚人速度，造成病毒加速交叉變異，只要大型擴散即是全人類的危機。蔡博回台既行分析病毒變異軌跡發現驚人的事實—冠狀類病毒基因特性的強變異下---高傳染力、高存活力、高死亡力的Coronavirus將會有新的變異體出現，推估2020~2022年左右如無意外全球大型性傳染可能再度來襲。當下波疫情到來，將會顛覆民眾對「公共衛生與個人衛生清消模式」的演進，必當帶領人類生活模式的改變。於是，蔡博主導的DTF集團除了積極創立「易潔 EC Clean」，並投入逾千萬元研發及測試，規劃【公衛4.0產業】雛形、打造產業藍圖、執行步驟。主核心為大型公共場域用雲控智能IOT消毒設備，並取得全球75%商機國家發明專利：台、美、陸、日、印度，再取得設備核心人體無害醫療手術室用等級抗菌液原研發廠全鵬公司的交叉持股。將已在全台百多家醫學中心、區域醫院等使用醫療界高度轉品牌到消費市場作為個人出入公共場域防疫消毒保護專用；抗菌液系列產品不僅適用於公共場合個人保護，其不傷黏膜特性也提供個人私密親膚與居家環境清消用。「易潔智能、無所不能」真誠希望，為下個世代、珍愛的子女創造好的生存環境，人類得以永續生存。

為世代打造「一口好空氣」

當您天天帶著像防毒面具一般的遮掩物恐慌著出門，一眼望見的是身邊路邊死傷倒地的人體---這就是2020年新冠肺炎（COVID-19）全球場景，英國首相要將海德公園騰出一半當停屍場，這一場造成全球上億人感染、數百萬人死亡，影響國家經濟後退、生計困難的全人類恐慌災難卻還只是一個警鐘！人類意識到從「公共空間中不傷人體前提杜絕病菌傳染管道」的全新概念時代已經來臨，「對抗病菌與安全永續生活」成為這一代的共同語言。「易潔智能」帶著這份省思，為「個人與公共衛生消毒防護之福祉、杜絕病菌傳染管道」為核心理念，建構對抗生活中無所不在的病菌傳播的抗疫產品鏈。產品其中有合資研發的殺菌劑原材，是「全球第一、全台唯一」的二類藥材證照：醫療品牌ATK「傷口黏膜抗菌清潔」在台灣百家醫院醫學中心(台大、長庚、榮總、三總、新光…等)指定採購：「人行載具智能式雲控消毒設備」開發目的為了廣泛使用於機場、捷運及百貨…等人潮密集之公共環境杜絕接觸傳染管道；而用於杜絕空氣傳染管道，防止群聚感染、室內活動或公開展演專用的「環境減菌智動式噴霧裝置」…等，產品線更涵括個人居家清潔使用，廣面觸及各種使用層面：消毒殺菌隨身噴霧、居家環境衣物消毒清潔液、人體各部位異味防止噴霧、再延伸至安全帽物件專用除菌除位噴霧，產品品質安全

4

5

6 武漢天河機場_智能監測電扶梯消毒機

7 新莊典華飯店_電扶梯消毒機

1. EC Clean 以醫療等級原材品質、全台最高規格，進入消費市場，堅持提供消費者高品質且無害之抗菌產品　2. 以「努力提升人類永續化生存，立足台灣放眼全球」爲發展展望，積極投入公共衛生推廣　3. 捐贈市政府防疫大型噴霧機，抗菌液搭配霧化機使用防疫再加分，霧化後不會對人體造成傷害、副作用　4. 金鋒獎　5. 榮獲 25th SNQ 國家品質標章_國家生技醫療品質獎，讓消費者看見品牌高度　6-7. 以「努力提升人類永續化生存」爲發展展望，積極投入公共衛生推廣，並致力研發智能消毒設備

度更是人寵能共用，讓您的毛小孩也能安心施用。從公共場合到個人場所，「易潔智能」提供全方位防護，讓肉眼看不見的細菌病毒無所遁形，為個人、社會提供「保護網」，為下波大型疫情做準備，為世代打造「一口好空氣」。

前瞻性眼光、堅定的信念

在新冠肺炎爆發以前，蔡博就意識到未來疫情發展及其市場潛力，然而看見商機全球超越台幣1.6兆元裝機潮、每年度消費市場超越台幣800億元商機是一回事，投身研發後才是困難重重的開始。首先遇到的阻礙是，社會大眾對於可視性的清潔衛生，進階非可視性的「消毒、殺菌」的認知尚有一大段距離，在疫情爆發以前，人們普遍對這方面的意識較為低落、無感，對於品牌理念的推廣花費極大心力以及長久的溝通，直至疫情真正蔓延，才真正獲得社會民眾對「清、消」的部分認同與認知轉型。但、對於「人體無傷害前提的消毒產品選用的行為概念」尚未引起社會普羅大眾的共鳴。這段漫長時間的耕耘考驗經營者的耐心與毅力，同時也需具備前瞻性眼光及堅定的信念才得以堅持下去。

另一困難點是，台灣殺菌衛生產線方面的供應鏈尚未成熟，於是蔡博一手扛起設備產品設計、媒合廠商的事務，徒法煉鋼一家一家詢價拜訪，千辛萬苦才終於媒合到滿意的廠商開發設備的軟硬體，並於醫療品牌全鵬黃董成功將醫療等級之產品重塑消費品牌EC CLEAN打入消費性市場，攜手到上海金山區打造設立生醫廠進攻大陸醫療界，於消費市場尚並成功上架至大型知名電商：東森、MOMO、VIVA、長榮航空、7-11賣貨便…等合格販售。蔡博回想起創業一路走來步履蹣跚，沿途充滿大大小小的障礙，讓她堅持到底、不輕易放棄的動力來自最初創立「易潔 EC CLEAN」的初心：為下一代打造安全生存的環境：為全人類的生存爭取福祉。「自由的空氣」難能可貴，投入為其奮戰的蔡博感到光榮、與有榮焉。

「沒有不成功便成仁，唯有做到成功」的創業精神

「易潔 EC CLEAN」的經營規劃除了繼續推廣「不傷害人體的公衛、個衛消毒，正式對抗病菌管道」理念，也期望喚起民眾對病毒強變異性進化侵害、疫情擴散的危機意識。病毒不只影響到人體的健康，也為社會安定及經濟造成極大打擊，看待疫情我們需有更全面的省思及應對方式。也期待讓公家機關看見公共衛生的重要性及其效益，公衛做得好，就能大幅減少空氣、接觸傳染管道，杜絕交叉感染，期盼降低疫情對國家帶來的衝擊。長遠目標則是希望打穩在台灣的「易潔 EC CLEAN」基地，將來品牌能走上國際、產品設備行銷至全球，讓世界看見台灣在防疫的驚人表現、亮眼佳績。最後，蔡博分享自身創業的成功經驗：「資金」、「利基點」是創業兩大關鍵要素，資金是爭取時間的籌碼，建議為創業建立資金籌備計畫。而「利基點」則是做好事前產業分析，認清市場缺口以及其稀缺性，並做好產品之「利他」、「共好」之功能性，強化市場對產品的需求，建立正向的商業循環，同時公司也能穩健成長。一切準備就緒，再來就是投入熱情與衝勁，理解「沒有不成功便成仁一唯有做到成功」的分析準備、堅持精神勇往直前。

易潔智能環衛股份有限公司 | 商業分享

重要合作

- 台灣各供應鏈練製造廠商

關鍵服務

- 消毒殺菌隨身噴霧
- 居家消毒清潔液…等

價值主張

- 以「爲人類健康努力」及「推廣公共衛生」爲經營理念，不斷持續開發前瞻性的優異「清潔消毒」產品，建構對抗未來病菌肆虐的防護網、保護傘。

顧客關係

- B2B
- B2C

客戶群體

- 任何有消毒殺菌之需求之客戶

核心資源

- 研發核心製造廠商及團隊

渠道通路

- 實體空間
- 官方網站
- 媒體報導
- Line@

成本結構

- 營運成本
- 人事成本

收益來源

顧客收益

Tip：為世代打造「一口好空氣」。

Tip：帶著「不成功便成仁」的精神勇往直前。

創業 Q&A

1.生產與作業管理-主力產品的重點里程碑是什麼?

公共場域專用化學式消毒設備，2014年分析市場缺口，先驅規劃公衛4.0產業 取下全球75%市佔國家發明專利：台、美、日、中、印。設備核心【人體傷口黏膜無傷害抗菌劑】2019年取得全鵬原廠互相交叉持股，進入各大電商：MOMO、東森、VIVA、長榮等

2.行銷管理-公司有什麼公關策略?

**醫療等級原材、全台唯一的高度，進入消費市場 **參加各項比賽、補助款、異業知名品牌產品合作等，以增加品質、產業藍圖優質驗證 **參與發布國內外期刊論文共同作者，以推動公衛消毒與個人無毒消毒行爲觀念 **各大新聞發布、雜誌、專訪增加開拓知名度 **自架官方電商、進軍全台各大電商打開銷售渠道 **FB、IG等各大社群平做發文，增進廣告曝光度 **投資裸眼3D廣告，以先進廣告模式吸睛話題

3.研究發展管理-團隊的協調如何執行?有特別下功夫在這塊嗎?

本司團隊成員都在最高產業商業目標、社會責任【開啟公衛4.0產業—人體無毒消毒、杜絕病毒傳染管道】的共同核心價値賦予下，創造凝聚一致性目標! 再加強員工和部門之間的團隊溝通、互相支持協作的明確定義，讓團隊各自自由發揮個人技能，卻仍在團隊中可以有效溝通，創造出每一個目標的執行力與解決問題。 溝通 & 合作 & 協調 & 團隊合作 & 協作

格林國際物流集團

MAGICAL

賴嘉慧
總經理兼馬術總監

正能量擴散 在未來發光 格林國際物流集團

物流業亮眼的一顆星——格林國際物流集團，事業版圖橫跨台北與中國大陸、馬來西亞、越南、泰國並持續開拓新興市場，與獲獎無數、被稱為「冠軍馬場」之稱的格林馬術中心，在物流業與馬術界名號響亮。這些都得歸功於其靈魂人物——賴嘉慧總經理，因著自身對事業的熱情與執著，串連起物流與馬術難捨的情感，並將物流的團隊精神、正能量的良性競爭、發展的方向態度格局，擴散到馬術圈，再藉由馬術中心將正能量散播出去，讓馬術圈不侷限於自己的舞台，互助互信互相發展，將正能量持續發酵，打響「格林」二字名號。

愛屋及烏 提供全臺唯一馬匹運輸服務

身兼格林物流國際集團總經理及格林馬術中心的賴嘉慧馬術總監，本身即是馬術選手，他認為當選手有當選手的樂趣，當比賽輸贏的不確定性存在時，訓練自己的抗壓性，也是在跟自己比賽，盡己所學，不斷精進學習，再傳承給學生。不只是在馬術上持續學習，更因為身為物流公司與馬術圈兩樣截然不同的身份，對好夥伴——「馬」有種深刻情感，馬不只是選手更是家人，當見到馬匹在運送途中可能滑倒受傷的風險時，賴嘉慧馬術總監相當不忍，因緣際會下，由格林國際物流有限公司與專業馬術團隊合作，提供全臺唯一的國際馬匹運輸服務，乘載起運送馬匹的任務，隨即著手進行馬匹安全的運送與尊重，特別量身打造全臺唯一的歐規馬車與自製緩坡台。愛屋及烏的正向循環下，創業多年，即使遭遇未預期的挑戰，從不將挫折或障礙視為不前進的理由，「只要跨過去了，即是屬於自己的卓越」。

視員工為公司最重要資產 凝聚共識

以格林國際物流而言，版圖遍佈台灣及中國大陸、越南、馬來西亞、泰國，多年來致力於做出差異性，以團隊精神凝聚向心力，已經成長為國內頗具規模的物流集團，用開放的心態，積極的態度經營事業，「散發正能量」成為格林集團核心理念，找出每位員工及儲備選手的價值，需要更多的理解與支持，分享自身經驗，鼓勵他人學習，讓其潛力發揮最大。格林物流國際集團及格林馬術中心近期目標為點、線、面穩健成長，視員工為公司最大的資產，將員工如家人一般對待，公司成長經驗與豐美成果，成為茁壯所有人生活與工作平衡的目標，「創造經濟自由，實現時間自由」，更能成為馬術界的後盾，行之餘力能成為組織，持續支持具潛力的馬術選手，「個人贏、團隊贏，團隊贏、整個面都贏」，以這樣的精神自發性組成「格林集團亞運後援隊」，全力支援所有選手，讓全世界看到台灣的馬術運動，並非只是富人運動，而是全民普及，更有堅實的後盾為台灣加油，展現台灣不凡的馬術實力。

1.〔110年全國運動會馬場馬術個人賽亞軍〕團隊合影　2. 格林馬術中心經年累月所獲各屆全國運動會馬術獎牌
3. 格林物流公司樂於異業合作與公益事務，此次號召運籌了亞運馬術後援隊來支持第19屆杭州亞運馬術項目　4. 2023年於歐洲參加國際賽事
5. 賴嘉慧教練於賽場指導馬術選手熱身的專注模樣　6. 上海格騏 -開啟全球佈局先端點、點串連　7. 幸福企業-蘭嶼開心遊

保持熱情 確認創業本質 創業秘訣

面臨台灣本土企業成為跨國企業，期間的挑戰不言可喻，其一即是刻板印象中的物流產業如同血汗產業，賴嘉慧總經理成功扭轉一般人印象，凝聚公司非凡的向心力，格林國際物流打開員工視野，帶領員工走的更遠。賴嘉慧總經理也分享給欲創業的創業者，當想創業時，首要先想清楚自己是不是負責任的人，「對自己負責，也對他人負責」，先從肯定自己開始，保持熱情，讓正能量吸引更多認同其理念的夥伴，認清自己創業真正想做的事情，帶動自己的團隊，重視良性競爭，從合作中學習，從競爭中成長，這是創業不二法門。

格林國際物流集團 | 商業分享

- 海運事業
- 空運事業
- 運輸物流倉儲

關鍵服務

- 海空運輸及內陸通關外，積極開發並聯合優質的國內外代理與航運公司

價值主張

- 顧客至上、使命必達

顧客關係

- Secret

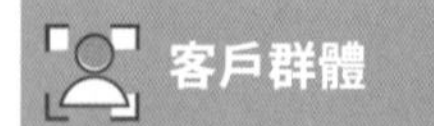

- Secret

- 進出口貿易
- 倉儲服務

- Secret

- 營銷成本
- 廠房成本
- 人事成本

運輸收入

進出口多角貿易

倉儲

全臺唯一的國際馬匹運輸服務

Tips:人，不一樣，才會不一樣。

Tips:永續經營，不忘初衷。

創業 Q&A

NEXT TAIWAN STARTUP
獨角我創業，
UNIKORN
格林國際物流集團
SCAN ME
LIVE
tel: 02-25071859
官網: http://www.magicallogistic.com/tw/home.php
fb: https://reurl.cc/V47bG6
add: 台北市中山區南京東路三段26號10樓

栯忻國際有限公司

孫栯騂
董事長

以「良善之心」療癒、散播正面能量-栯忻國際有限公司

「栯忻國際有限公司」創辦人-孫栯騂董事長，擔任五年的芳療老師，不斷收到學員的正面回饋，也從中發現自身具備「立意良善」、想為人服務的熱忱，於是結合自身芳療專業，創立「栯忻國際有限公司」，以「誠信」原則，盡心打造高品質精油產品，並且以「貢獻」為核心理念，不間斷與社福機構合作、投入公益活動，實踐孫董為社會盡一份心力的善心、初心。

爲現代人減壓、爲社會貢獻心力

孫栯騂董事長，過去在協會機構擔任芳療老師，五年的服務資歷，孫董接觸到來自各行各業的學生，起初並沒有創業、創立品牌的想法，在與學員的互動與相處過程中，孫董發現自身盡心盡力的特質，與想為社會貢獻的善心，也受到學生的鼓勵，而有了創業的起心動念，進而思考，期望「品牌」帶給社會什麼樣的「價值」。孫董結合自身芳療的專業，結合想為社會貢獻的初心，創立「栯忻國際有限公司」，嚴選精油產品，提供客戶在適合的時機點使用，協助現代人釋放壓力，達到放鬆、療癒效果，並且透過品牌名義，投身公益活動、回饋社會。

「誠信」爲原則，承諾「高品質」服務

「栯忻國際」的品牌核心理念，秉持「誠信」為原則，承諾客戶、供應商、社會提供「專業、高品質」之服務，並以「創新」之策略方向經營、管理。「栯忻國際」擁有專業背景之芳療師團隊，致力於推廣優質品質之精油及療癒服務，結合西方阿育吠陀與中醫草藥療法，落實預防醫學之療癒法，讓客戶體驗、感受新世代之「芳療」。「栯忻國際」的主打商品為「舒壓滾珠瓶」、「活力按摩油」、「元氣按摩油」，功能不同、適用時機點不同，讓客戶可以依照自身需求，選擇最適合的精油。「活力按摩油」提供能量與體力，適合在白天出門前使用，為一天的工作儲備精力、活力滿滿。「舒壓滾珠瓶」則適用於午間短暫休息的壓力釋放與減壓，滾珠瓶設計，使用上更即時、便利，適合忙碌現代人工作空檔的短暫放鬆。「元氣按摩油」則推薦在晚間、睡前搭配按摩使用，一天的辛勞結束後，透過按摩油協同睡眠修復達到釋放、舒緩，也適時為身心靈「減壓」。

1. 兒少文學獎頒獎典禮　2. 芳療諮詢　3. 精油-幸福甜蜜組　4. 由楊志良先生頒發健康產品獎　5. 華人公益獎　6. 精油-人生勝利組　7. 台日卓越創業家頒獎典禮

手心向下，給予越多、獲得越多

從「芳療老師」到身兼「經營者」，雙重角色意味背負更多責任、與克服更多挑戰，其中一大挫折，來自身邊親友的不看好，品牌創立初期，伴侶、家人皆不支持，認為創業是「挺而走險」、創業成功的機率是「微乎其微」，這些冷言冷語難免影響孫董在經營路上的信念，然而，孫董想起自己創立「栯忻國際」的初心：「保持善心、貢獻社會」，比起旁人的「冷嘲熱諷」，孫董更在意品牌對客戶「真誠以對」的承諾。「栯忻國際」創立至今擁有穩定客源，有餘力為社福機構貢獻心力、定期舉辦公益活動，實踐孫董創立品牌的初衷。「手心向下，給予越多、獲得越多。」這份善念支持孫董克服萬難、成為「有能力的人」為社會傳遞正面力量。

越是不被看好，越要活得精彩

目前已在台北設有實體店面的「栯忻國際」，短期目標是優化官方網站及FB、IG、TikTok並推動精油美容健康舒壓課程體驗，即使不在北部區域的民眾，也能透過網路認識「栯忻」。未來期望邀請醫界各方人士交流、開設講座，孫董相信未來「芳療」走向將結合各方醫學資源，達到全方位療癒效果。而「栯忻國際」也會持續與公益團體合作，於活動、資金上給予最多支持與協助。

最後，孫董用自己的創業經驗，給予建議：「為自己的事業預備能力與智慧，並且不輕易放棄」，就算身邊的人不支持，也要調整心態、放大格局：「越是不被看好，就越要活得更精彩。」創業就像一場遊戲，每一個關卡的魔王都不同，當你一一打通關、累積經驗、升等，回過頭看會發現自己所在的位置已是自己理想的高度了，當你到達這裡，就能體會「創業」這場遊戲的箇中滋味。

梢忻國際有限公司 | 商業分享

- 各大機構
- 醫療機構
- 國北護校
- 企業
- 店家
- SPA館

關鍵服務

- 專業芳療師嚴選高品質精油、按摩油及實體體驗店附設精油美容健康舒壓課程提供客戶專業諮詢與精油舒壓體驗。

價值主張

- 秉持「誠信」為原則，承諾客戶、供應商、社會提供「專業、高品質」之服務，並以「創新」之策略方向經營、管理。

顧客關係

- B2C

客戶群體

- 任何有按摩油需求之客戶。

核心資源

- 專業芳療老師多年教學及療癒經驗。

渠道通路

- 實體空間
- 官方網站
- 媒體報導
- Line@

成本結構

- 精油原物料
- 店內引進醫學美容器材
- 營運成本
- 人事成本

我們以顧客需求作為產品及服務的調整並做到為顧客量身打造屬於TA適合的用油

Tip：手心向下，給予越多、獲得越多 。
Tip：越是不被看好，就越要活得更精彩。

創業 Q&A

1.生產與作業管理-主力產品的重點里程碑是什麼?

主力產品靈感來源於自己身體需要調養但是不想吃藥而選擇用最天然、最古老的草藥療法而設計出產品，在研發過程加入漢方調理原理進而獲得迴響，才有現在的主力商品。

2.行銷管理-公司目前如何行銷自家產品或服務?如果還沒開始，有什麼行銷計畫?

我們有自己的品牌官網、也有經營FB、IG、line@、TIKTOK。台北公館實體體驗店也有附設精油美容健康舒壓課程提供客戶來店體驗。栯忻國際也跟國立臺北護理健康大學做產學合作、也有跟白沙屯媽做聯名授權精油禮盒產品。

3.人力資源管理-未來一年內，對團隊的規模有何計畫?

時代的變遷造就不同凡響的英雄，我們會在招聘一些人員持續爲客戶做更好的服務與流程，爲了促使國際化，我們也希望有更多新住民可以加入我們，成爲我們的一員爲社會做更好的貢獻。

4.財務管理-目前該服務的獲利模式爲何?

精油網路及店家零售、SPA店家批發、配合醫療機構、台北實體店精油美容舒壓課程體驗都是我們獲利來源。

七七動物對話&療癒

宋婉慈
療癒師

開啟一段靈魂療癒，與動物對話之旅—七七動物對話&療癒

宋婉慈(七七)，七七動物療癒師。從一開始單純與動物對話開始，到專研能量療癒，透過靈魂療癒與和解，幫助人與動物釋放負能量，排解困難，獲得更好的正向生活。

不論人類或動物，都需要來場療癒之旅

一開始七七會單純的與動物進行對話，從中獲得成就感，一份想幫助更多人共好的心，讓她進而慢慢成為一名動物溝通師與療癒師。

在學習更多關於療癒、能量知識後，七七發現動物們相較於人類，更不懂得釋放自己的負能量，如果飼主或是相處家人長期處在焦慮、憂鬱的情緒中，或是長期受到疾病困擾，動物們會幫助對方吸收負能量，一起分擔家人們的情緒。吸收負能量後的動物們不懂得如何排解，這會讓讓動物們處於焦慮、憂鬱的情緒中，因此七七希望透過自身力量，透過溝通與療癒，帶領飼主一同協助動物的排解。

引導飼主與寵物溝通與連結，讓他們更了解彼此

當然，要落實品牌理念總會遇到困難。七七曾經遇到飼主控制慾較強，對於與動物溝通的主要目的是想命令或強制寵物的行為，像這樣的案例往往容易失敗，因為在沒有同理心的狀態下，飼主與寵物很難達到平衡，自然無法解決問題。雖然改變飼主想法很困難，但是七七從沒想過要放棄，因為七七認為—「用心去帶飼主了解溝通，總有一天對方會感受且了解的！」也許是這份堅定不移的心，讓七七幫助越來越多飼主，讓他們與寵物的關係更靠進一步！

當堅定相信自己，宇宙都會過來幫忙

品牌創業初期，七七時常會遇到挑戰、質疑的飼主提出疑問：「這真的是寵物想說的話嗎?」這讓七七感到十分灰心沮喪，後來深入挖掘，才發現這其實是七七對於自己的不自信，與對自己的質疑。七七知道這些其實都是自己的靈魂安排，

1. 七七從小就容易吸引動物來到身邊跟著
2. 同學上課與動物連結後和飼主對答案
3. 動物曼陀羅
4. 同學上課與動物連結後和飼主對答案
5. 與貓咪助教的結業合影
6. 學員練習將個案動物給予飼主家的視野擺設敘述出來

這些經歷是讓七七有機會學習相信自己，渡過自己人生的課題。隨著經驗累積與內心的調適，越來越肯定自己的能力後，七七遇到質疑的聲音變少了！而且不斷的收到飼主的感恩與回饋，肯定且全心全意相信七七的溝通和療癒能力，這無疑是對七七莫大的肯定。

說起印象深刻的個案，七七說到：「每個人都有獨特的故事，每段對話都是讓人難忘的經驗。」當七七帶領飼主與寵物對話時，飼主可以透過寵物看到自己。七七也發現，很多問題都是飼主自己投射出來的想法，也許動物們根本沒這樣感覺，所以飼主也要學習放過自己；學習不用要用自身的角度想法，套用在別人身上。對於七七而言，每次個案都是不同的學習和成長。

放慢步調，品味與尋覓生命中的小寶藏

談起品牌未來的發展與規劃，七七期望能持續推廣「每個人都可以和動物溝通對話」的理念。七七認為，這是大家與生俱來的能力，只是自己忘記如何使用，或是不知道該如何進行，所以七七將所學與經驗集結成一套給沒有接觸過任何靈性的朋友學習的課程，希望透過課程所學，讓大家可以自然而然與動物對話、了解動物心裡想表達的是什麼。七七更強調一點：在對話之前，每個人都需要「先讓自己的內心平靜下來」。因為七七觀察到，現代人容易受到外界的干擾，很多人的心是靜不下來的，讓自己步伐放慢，去了解自己想要什麼？真正的情緒是甚麼？這些都是很重要的！

對於創業者，七七建議：銘記初心，清楚知道當下的你正在現在做甚麼，當你擁有明確的目標，並隨順不執著，宇宙會給你源源不絕的資源前來幫忙，將合適的人安排在你的身邊，協助你完成目標。以良善為初衷，打造善的循環，將愛推播到更遠的地方。

療癒自己也幫助別人療癒，讓社會一起擁有高頻的能量，以和平取代紛爭，與大家一起共榮共好，不斷成長。

七七動物對話&療癒 | 商業分享

- 個案療癒
- 動物連結

關鍵服務

- 寵物溝通
- 寵物療癒
- 繪畫療癒
- 靈魂療癒
- 離世對話
- 前世回朔

價值主張

- 放慢步調，細細品味與尋覓生活中的小寶藏。
- 生活中的靈性療癒服務。

顧客關係

- 靈魂和解
- 寵物溝通
- 動物療癒

客戶群體

- 一般大衆
- 動物

核心資源

- 療癒能量
- 專業知識
- 產業經驗

渠道通路

- 官網
- 粉絲專頁
- LINE@
- IG

成本結構

- 營運成本
- 人事成本
- 設備採購與維護

療癒服務
繪畫教學
靈性授課

Tip：銘記初心，清楚你現正在做甚麼

Tip：學習放過自己；學習不用要用自身的角度想法，套用在別人身上

Tip：初衷要是良善的，善的循環

Tip：活在當下而是不過去的傷痛

創業 Q&A

1.生產與作業管理－有沒有想幫產品再多加兩三個關鍵特色？如果要加那會是什麼？

接下來的方向會與自己的專業結合，融入藝術創作。讓飼主可以有更多管道幫助自己紓壓，還可以爲動物留下美好的紀念，將靈性與繪畫結合也是未來轉型的目標。

2.行銷管理－從客戶第一次接觸到成交，一段典型的銷售循環是什麼樣子？

其實很多個案或學員都是口碑介紹來的，做好自己的腳色，不忘初衷。比起廣告，扎實的內容與品質，更能吸引信任的客戶到來。

天成數位翻譯

天成翻譯社

戴正平James
執行長

1 天成翻譯
24小時線上
免費估價

2 天成數位翻譯社 多年來一直是國內最專業的翻譯公司之一
最優質翻譯
最划算選擇
最快速準時
天成數位翻譯社的客戶包含政府部門、科研院所、上市櫃公司、外國使館等，提供各個語種的筆譯、口譯以及公證等服務。
我們延攬了國內最優秀的各語種人才，人力資源充足，可為您提供有相關工作背景、在專業領域具豐富專業知識的翻譯服務。

3

語言無遠弗屆，溝通暢所無阻-天成數位翻譯

戴正平James「天成數位翻譯有限公司」創辦人，大學一年級即開始他的創業之路，從經營「打字社」到轉型為「翻譯」服務的公司，正式創立「天成數位翻譯有限公司」，起初只是在網路接單，即便再小的案子，天成數位翻譯都以最高規格來完成客戶需求，經過不斷的累積經驗、實力與口碑，如今天成翻譯已是政府機關、學術機構與各大企業的合作夥伴，並且在中國、上海、香港皆有實體辦公室，未來更準備將目標轉往歐美等地，欲成為翻譯領域中的專業跨國公司。

踏上創業旅程的「偶然機緣」

James 大學時期，因緣際會下，在打工場合認識一位經營打字社的友人，這位朋友不久將移民至海外正在找人頂替打字社，一直以來有創業精神的James，將這次的機緣視為入門創業的好機會，於是找了朋友，合夥頂下打字社。起初只是承接客戶繕打的業務，隨著客戶量的增加，也漸漸有客戶詢問翻譯業務，James觀察到隨著電腦設備的進步，打字服務逐漸被取代，客戶對繕打的服務需求也日漸式微，於是「打字社」逐漸將服務重心轉往「翻譯」性質，待翻譯業務逐漸穩定，足以維持營運，正式成立「天成數位翻譯有限公司」，為客戶提供多國語言、翻譯、口譯、聽打、公證......等服務。

保持初心、爲客戶盡心盡力

James表示，一直以來「天成數位翻譯」的經營理念是：「保持初心」、「為客戶需求盡心盡力」，以合理價格、優越品質、達成各式客製化需求，從日常的戶籍謄本至百萬儀器說明手冊，「天成翻譯」皆全心全力達成客戶要求。天成翻譯成立已二十餘年，多年經驗奠基天成翻譯在翻譯領域專業實力，團隊擁有各語種、各領域的優異翻譯人才，提供英語、日語、韓語、法語、德語......等六十多種語言翻譯服務，充沛的人才資源，同時滿足客戶要求之特定領域、知識、職業.......等業務需求，協助企業、機構、組織克服語言藩籬、與國際接軌。為了提供更即時、無遠弗屆之服務，天成翻譯全年無休、全天候二十四小時皆能接件，以因應客戶偶有緊急翻譯需求，並且在上海、日本、香港等地區設有實體辦公室，不僅線上能即時詢問，也能到實體辦公室與專員洽談，溝通更順暢、令人放心。

「年紀」不與「專業」劃上等號

James提到天成翻譯創立那年，才僅僅大學一年級，當同儕正在享受大學生活，James的大學回憶卻是與廠商應對、學習如何擔任經營者。年紀輕輕就擔任老闆角色的James，說起「年齡」在創業初期為他帶來許多困難與挑戰，

翻譯團隊

1. 24小時線上免費估價　4. 超過100以上語言翻譯　6. 翻譯團隊　7. 公司活動

許多資歷較深的員工，時常因為James的年紀而有微詞、不易配合，讓James在初期帶領團隊很是挫折，在與廠商的應對過程，也因為過去無相關經驗，較難以與廠商協調請款、收款，這對營運中的公司不是好現象。然而，James不因這些阻礙而停滯、放棄，「年紀」並不與「專業」劃上等號，James更加努力學習、累積經驗，漸漸讓員工信服、贏得尊重，團隊也更加團結。與廠商的合作溝通，隨著經驗累積，James更理解如何與廠商互動、達到雙贏局面，讓公司能順利營運。

從無到有的創業之路，並非一帆風順，而要能有克服萬難的勇氣與動力，來自對事業的「熱忱」，James說到，支持他繼續在創業路上保有熱忱的關鍵在於客戶的回饋，天成翻譯從最初在網路上接單，再小的案子都願意承接，累積到今日，天成翻譯能接下大型企業及政府標案的實力，過程滿滿的挫折，卻也載滿無數的成就感。曾有一次印象深刻的是，一位成功大學博士生，聯絡天成翻譯表示有將畢業論文翻譯成英文版本的需求，然而，這位博士生卻在將要畢業之際罹患血癌，只剩三個月的壽命...，「天成數位翻譯」為了完成這位博士生生前最後的願望，盡心盡力趕在最後倒數階段，完成論文譯本，順利讓這位博士生在人生最後時光取得畢業資格，家人很是感謝，完成他的最後心願。每一次的回饋，讓James知道「天成數位翻譯」不僅僅只是為客戶完成一本份「譯本」，而是為客戶帶來「價值」。

創造有「價值」的服務

「天成翻譯」創立初期，不管金額再小、需求如何千奇百怪，「天成翻譯」皆排除萬難、一心一意只為達成客戶需求，甚至曾有案子是協助翻譯情書，以追求外國友人，後來有情人終成眷屬，「天成翻譯」順利促成一樁姻緣。

James表示「天成翻譯」未來將繼續保持為客戶服務的初心，做客戶最貼心、專業的「溝通橋樑」，長期目標則是希望在英國、美國地區設立辦公室，讓歐美地區客戶能有實際認識「天成翻譯」的機會，未來將會以在世界各地皆有「天成翻譯」辦事處為願景。

James創立「天成翻譯」時，年僅二十二歲，也曾經因為「年齡」在創業路上顛簸不斷，而James一路上堅持不懈、精益求精、排除阻礙，直至今日「天成翻譯」擁有亮眼成績、專業表現。對於創業，James給予建議：「理解你給予的服務，為服務延伸、創造價值」而不只是曇花一現，才能真正為你的事業奠定基礎、累積根本、穩定成長。

天成數位翻譯 | 商業分享

- 政府機關
- 學術機構
- 各大企業

關鍵服務

- 提供英語、日語、韓語、法語、德語…等六十多種語言翻譯服務。

價值主張

- 「保持初心」、「爲客戶需求盡心盡力，使命必達」，以合理價格、優越品質、達成各式客製化需求。

顧客關係

- B2B
- B2C

客戶群體

- 任何有翻譯需求之個人戶或企業戶。

核心資源

- 各語種、各領域專業人才。

渠道通路

- 實體空間
- 官方網站
- 媒體報導
- Line@

成本結構

- 營運成本
- 人事成本
- 廣告成本

顧客收益

Tip：保持初心、為客戶需求盡心盡力，使命必達。

Tip：理解你給予的服務，為服務延伸、創造價值。

創業 Q&A

NEXT TAIWAN STARTUP
我創業，獨角
UNIKORN
天成數位翻譯
SCAN ME
LIVE
tel: 02-7726-0931
LINE ID：@t77260931
官網: https://www.77260931.com.tw
add: 台北市大安區羅斯福路二段79號十樓之1

A-mor 時尚髮廊

顏宥杰 Aden
執行長

台中指標複合式沙龍 A-mor 時尚髮廊

在連鎖美髮店當髮型助理設計師多年，對髮型時尚有獨到見解與堅持，在22歲那年決定一圓創業夢，挑戰自己的極限，A-mor 時尚髮廊執行長顏宥杰Aden與幾位志同道合的朋友出來創業，給自己更大的發揮舞台，創立A-mor 時尚髮廊，成為台中指標性複合式沙龍，A-mor 時尚髮廊只為給客人最親切的服務，來到A-mor，就像見到好久不見的好朋友，在舒服乾淨的空間，盡享愉悅的消費體驗。

一條龍服務 台中指標複合式沙龍

A-mor 時尚髮廊打造台中指標複合式沙龍，除了提供剪、燙、染、護基本服務以外，更延伸至美甲、美睫、霧眉之服務，美髮業首重技術，創業初期面臨人才的培訓與擇選就是相當大的難題，在親友推薦下組成堅實團隊，「把客人當成自己的家人朋友，讓客人感受親切與專業」，相對的客人回流的機會也較大。A-mor 主攻年輕客群，有別於連鎖美髮制式化的服務，Aden認為自己經營的理念為有界限的「不把自己當老闆」，與員工做有溫度的互動，員工也認同Aden的理念，當在進行決策時，一定會讓員工具參與感，共同參與討論， 彼此砥礪成長。同時A-mor 也有自己的培訓機制，從助理到設計師，跟著公司的栽培，零基礎也能成功。

雙向友好 員工爲公司最大資產

Aden在創業的過程中，明白顧客評價有好有壞，從不主動要求客人在公開社群平台宣傳，「盡力做到自己最好的一面」，讓顧客明白A-mor 的用心，市面上美髮造型何其多，如何從中脫穎而出成創業重要關鍵，從髮型諮詢，達成共識、臉型、髮質髮性，A-mor 的設計師在事前溝通花費相當大的功夫，透過美髮產業作為連接客人與設計師之間的感情橋樑，在髮型完成度與客人期待達成完美平衡。Aden坦言A-mor 時尚髮廊的成功，很大部份源於夥伴們的期待，美髮產業需要不斷進修、精進技術，夥伴們願意花費時間精力在精進自己，凝聚向心力，相信越努力越成功，對於公司、老闆、夥伴員工是三贏，不停往前走，更是持續的原動力。Aden回想起疫情剛爆發時，曾短暫休業兩個月，店租、營運成本、水電、人事成本仍壓得喘不過氣，卻寧願公司虧錢，也不願

員工冒險上班感染疫情，把員工當自己人的心情，員工懂！因此在疫情好轉後，員工也儘速回到工作崗位，讓公司回穩上軌道。

Aden一直強調，在創業過程中，與員工的互動是雙向友好的，彼此距離也是貼近的，在經營理念上除了為員工創造利潤與福利外，Aden深知人才的培訓是相當重要的，美髮產業的人才流動尤其快，因此他經營的理念多以員工為出發點，為員工規劃未來的目標，共同前進，共同進修，反而人才在A-mor看見未來，看見可塑性，更願意並肩前行，再創高峰。

選用水性無毒漆，給客戶最安心保障。水性無毒漆有防燃、耐酸鹼、抗熱等特性，對於使用安全性是相對比較有保障的。

展店第二家 爲品牌增加認同感

目前A-mor在逢甲已經營6年，客群穩定成長也廣獲好評，近期則耗資700萬另闢旗艦店，在客群間做出價格與質感的區隔，除了提供剪燙染護基本服務以外，更延伸至美甲、美睫、霧眉之一條龍服務，配合時下流行的網紅趨勢、網路行銷，與原本的工業風截然不同，轉為時髦舒服的裝潢風格，做出市場區隔，更貼心規劃員工宿舍，A-mor擴店速度並不快，在逢甲店面經營6年後，才佈局另家店，Aden認為員工是公司相當重要的資產，能為員工多想一點、多規劃一點，同時未來也朝著連鎖店邁進，將助理培養為設計師，設計師培養為股東，也持續擴店，為品牌增加認同感，為團隊凝聚更大的目標，這是Aden創業不變的初衷。

創業盡力去做 投入更多服務心思

Aden坦言創業並不容易，但「沒試過，怎麼知道你不行」，要有完善的規劃，創業風險是很高的，但不去嘗試、不面對失敗，怎麼能嘗到成功的甜美。其實創業第一年就回本的Aden，在初踏入美髮業也曾迷惘，工時長又辛苦，也賺不到錢，一度想放棄，但熬過學徒倦怠期的他，在創業後重新思考其經營理念，以過來人的心情持續給予員工信心，不斷地規劃進修，鼓勵員工對事業築夢，帶領員工更具衝勁，10多年的美髮經驗，Aden對美髮的熱情不減，從創業賺錢轉而成為對員工的責任心，投入更多的服務心思，讓顧客感受不一樣的氛圍，也期待吸引更多人才加入。

A-mor 時尚髮廊 | 商業分享

重要合作

- 美髮產業

關鍵服務

- 美髮、美甲、美睫、霧眉等時尚美容產業

價值主張

- 把客人當成自己的家人朋友，讓客人感受親切與專業

顧客關係

- 美髮客人
- 異業合作

客戶群體

- 年輕客群

核心資源

- 設計師人才

渠道通路

- Facebook/ IG
- 熟客介紹

成本結構

- 人事成本
- 店租成本
- 營運成本

收益來源

美容服務收費

Tips:沒試過，怎麼知道你不行

tips:把客人當成自己的家人朋友，讓客人感受親切與專業

創業 Q&A

NEXT TAIWAN STARTUP
我獨
創角
業，
UNIKORN
A-mor 時尚髮廊
SCAN ME
LIVE
tel: 文心-0424518898 逢甲-0422994552
fb: https://www.facebook.com/AMORhairsalon225/
add: 文心旗艦店-台中市西屯區文心路三段209號
逢甲概念店-台中市西屯區文華路五巷16-3號

Chapter 2

EEE beautiful life

創始人 李韋霆
創辦人 谷明珍

生活，是一場放鬆又享受的旅程─EEE beautiful life

李韋霆，為EEE beautiful life品牌創始人，與太太谷明珍女士，同為品牌創辦人攜手打造身心靈放鬆之旅的「EEE beautiful life」品牌。打造出身心靈，全方位的美體SPA與心靈規劃服務。

圓一個夢！夫妻同心協力，打造全方位身心靈紓壓空間

品牌創始人李韋霆先生，因為心疼太太工作的辛勞，因此開啟了自行創業的想法。創辦人谷明珍原先從事美容SPA相關工作，因為職場與身體上的問題，經過半年的深思熟慮，以及與另一伴創始人李韋霆的溝通討論下，夫婦二人決定攜手開創屬於自己的事業。創始人李韋霆先生笑著說：「要一個人從員工思維跳脫到老闆十分不容易，費盡心思說服太太半年，最後才發現真正困難是一從決定要創業那一刻開始！」

創立EEE beautiful life初期，夫妻二人找了志同道合的夥伴，但是後來卻因為某些緣故臨時退出，讓創始人李韋霆與創辦人谷明珍必須獨立承擔所有創業事務。在過程中兩人也不少爭執與摩擦，大至經營策略，小至選點與裝潢佈置，創辦人谷明珍分享，兩人甚至曾經因為店內的一個小擺飾，在知名家俱選購中大吵了一頓。還好經過不斷摩擦中溝通，兩人最終達成共識順利完成。

EEE beautiful life─享受身體的放鬆、心靈的安撫、靈魂的解脫

說起品牌的創立理念，創辦人谷明珍說道，希望每位來到EEE beautiful life的客人，都能享受到身心靈全方位的放鬆與舒適，可以快樂享受度過每一天。品牌名稱也有另一層的含意，「E」取自英文Enjoy，品牌以「EEE」連續三個Enjoy希望每個人都能在生活中「享受，享受再享受」，透過不同的服務體驗，享受到身體的放鬆、心靈的安撫、靈魂的解脫，除了讓身體獲得放鬆紓壓外，心靈層面也能獲得平靜與滿足，這是EEE beautiful life與其他美體SPA與眾不同之處。

EEE beautiful life服務項目以大眾熟知的皮膚

1. 皮膚檢測儀器　2. 岩盤浴　3. 專業皮膚檢測　4. 店外面　5. 專業諮詢　6. 環境照　7.環境照　8.環境照

歷經艱難與粹煉，因爲堅持，所以一路走到現在

談起創業經歷，創始人李韋霆不經感嘆道，創業初期就遇到合夥人異動與店面選點的困難。如何找到符合理想地點與可以負擔的租金，除了用心，有時候更需要機運。創始人李韋霆說到，光一開始找店面營業點，他與創辦人谷明珍兩個人找了近二十至三十間，但是始終沒有滿意的。好不容易歷經千辛萬苦找到兩個人共識、滿意的店面，卻又因為上一個租客租約尚未滿期，必須溝通與等待。隨後又遇到租金與房東期待上的落差，經過一個多月的溝通與協調，終於將店面安頓下來。這也讓創始人李韋霆與創辦人谷明珍二人明白，創業的艱辛，互相扶持與積極溝通，是兩個人必須一同面對的課題。

經營一段時間，創始人李韋霆與創辦人谷明珍一致認為，讓EEE beautiful life成為大家放鬆、聊天的場所是他們一直努力的目標。EEE beautiful life就像大家日常生活中的「驛站」，隨時可以進來坐坐、休息，不論是透過體驗SPA芳療，或是算打塔羅牌解析運勢與感情，都是大家可以進來休息、喘口氣的悠閒空間，結合身心靈的療癒，讓每位來到的客人不只變美，心也變輕鬆了。

心想：「情緒是甚麼？這些都是很重要的！」

到EEE beautiful life享受一趟身、心、靈的舒壓之旅！

創始人李韋霆認為，看到客人透過加持的岩盤浴順利改善睡眠品質；因為生活壓力透過刀療排解負面能量；順利餵養貓客人解決貓咪隨意便溺問題，看到客人們順利解決困擾，獲得身心靈上的舒壓，都是他與創辦人谷明珍滿滿成就感來源。

對於品牌的未來，創始人李韋霆已在心中訂下目標。在短期目標中，提升品牌露出，並招攬有興趣從事身心靈工作的夥伴一起來參與。中期目標則是規畫拓點至更大空間場域，並能夠進駐百貨公司，發展品牌周邊商品。長期目前期望能將EEE beautiful life品牌理念推廣至台灣各地，甚至是海外，盡力提倡身心靈舒壓的重要性。

EEE beautiful life | 商業分享

重要合作

- 皮膚管理
- 美體SPA
- 岩盤浴
- 心靈規劃

關鍵服務

- 皮膚管理
- 美體SPA
- 岩盤浴
- 心靈規劃

價值主張

- 每位客人都能享受到身心靈全方位的放鬆與舒適，可以快樂享受度過每一天。品牌名稱也有另一層的含意，「E」取自英文Enjoy，品牌以「EEE」連續三個Enjoy希望每個人都能在生活中「享受，享受再享受」，透過不同的服務體驗，享受到身體的放鬆、心靈的安撫、靈魂的解脫

顧客關係

- 一般大眾
- 各年齡層

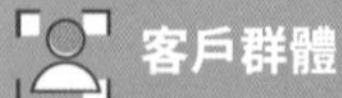

客戶群體

- 一般大眾
- 各年齡層

核心資源

- 皮膚管理
- 美體SPA
- 岩盤浴
- 心靈規劃

渠道通路

- 門市
- 社群(IG/line)

成本結構

- 營運成本
- 人事成本
- 設備採購與維護

收益來源

SPA服務

心靈規劃

Tip：享受身體的放鬆、心靈的安撫、靈魂的解脫

Tip：改變人生，從美麗開始。

Tip：享受一趟身/心/靈的舒壓之旅

創業 Q&A

1.生產與作業管理－主力產品的重點里程碑是什麼?

在於過往的美容美體店是著重在身體和臉部的成效和有感,但目前的社會因壓力的環境讓現在的人往往不只有身體上的放鬆還要心靈上的解脫和享受,因此我們結合了易經.塔囉.療癒等課程讓客人來到我們這邊不只身體的放鬆還能像與家人漫步在森林中的享受放鬆

2.行銷管理－公司社群媒體的策略是什麼?

目前以網路行銷方式皆以FB.IG爲主,並且我們加入現在年輕人較多接觸的短影音(抖音),然後開創自己的帳號並在美容中融入搞笑元素讓年輕人不只能有趣的觀看還能透過影片去傳遞一些美容自我保健知識 另外我們不定時也會參予一些市集,透過實際面對面的方式讓大家更瞭解我們

3.研究發展管理-如何讓市場瞭解你們?

要讓市場眞正瞭解我們，我們必須發揮極致的創意與激情!無論在社交媒體、廣告或事件上，我們都要散發出獨特的魅力，引人注目。更重要的是，與客戶建立眞誠的連結，聆聽他們的需求，以創建有價値的解決方案。不斷學習，與時俱進，抓住每個機會展現我們的專業知識。在這個競爭激烈的世界中，只有不懈努力，我們才能贏得市場，讓我們的品牌在衆多選擇中脫穎而出

森威多元教育中心

黃得晉
執行長

讓學生成爲學習的主人—森威多元教育中心

「森威多元教育中心」執行長黃得晉執行長談到，自己當年是有感於「森威」的核心價值，於是義無反顧投入「森威」。而森威的價值，來自於創辦人——張睿朋先生的教育熱忱。張睿朋先生過去就曾在台北、台中、嘉義、高雄……各地大型補習班授課。每個班級動輒百名學生以上。然而，在大規模的補習班裡，名師再怎麼樣在舞台上揮灑魅力，與學生之間總是缺少了互動與溫度，也難以照顧到每個學生。於是，張先生決定創立「森威多元教育中心」。堅持：「小班精緻教學」。注重與孩子溝通交流，引導孩子「動腦想」、邀請孩子「開口說」，讓孩子真正融會貫通、靈活運用。「森威教育」相信，與其「死背」知識，讓孩子「帶得走」的思維與觀念，才是一生受用無窮。

小班精緻教育・一對一個別指導

黃執行長說：創辦人張先生曾說，過去的他，在大型補習班擔任主任與授課，每班動輒百人。學生很多，但張先生著眼的卻是：「如何讓每個學生都變得更好」。雖然學生很多，但大型補習班讓張先生感到師生間有「距離感」。一班上百位的學生，「如何能照顧到每位學生？」是一個很大的問題。於是，張先生創立「森威多元教育中心」，訴求小班制、教育「精緻化」，期望師生之間能有良好互動，鼓勵學生「動腦想」、「開口說」，真正融會貫通所學知識、不死背。黃執行長說：我們努力以淺顯易懂的方式引導觀念、啟發學生興趣。並且找出每個學生專屬的學習方法，就能大幅提升學生的學習表現。

輕鬆學習、開啟「反思力」

「森威教育中心」的核心理念是「輕鬆學習」、開啟學生的學習「反思力」。在黃執行長的學習歷程裡，發現唸書、拿高分，過程其實可以很愉快、很輕鬆。「森威教育」強調不死背，用有趣的方式，協助學生在唸書過程找到興趣、動力，發自內心的喜歡，效果自然而然顯現在成績上，學生看到自我進步，便形成一股正向力量，促使學生「更有興趣學、更有耐心想」，許多來到「森威教育」的同學，都變得更樂意自主自修、自動自發。物理學家費曼曾說過：「無論多艱深的知識，只要能用很簡單的方式，讓八歲大的孩子也能學會，就代表你真的懂了」，「森威教育」透過題目檢視孩子在哪一個環節、觀念出了問題，針對問題一對一解惑，並透過問與答請孩子說明、解題，檢視孩子是否真正融會貫通，「森威教育」相信，與其教會孩子如何「拿高分」，引導孩子有邏輯的學習、思考，擁有良好的讀書習慣，才是終身受用的技能，也是得以應對未來社會變動的正面態度。

1. 平常教室開放免費自修,提供學生讀書的好環境　2. 帶學生參與密室脫逃益智活動體驗.除了課業也很重視多元智能發展　3. 黃崗執行長會考考猜免費座談會.許多班內班外生慕名而來
4. 黃崗執行長舉辦會考升高中升學座談會.分享學生將會面對的旅程以及應做好的準備　5.帶學生2天1夜旅遊

十年樹木，百年樹人

黃執行長回憶，「森威教育中心」創立初期想做的事情很多，但能用的人力很少。當時的他們，白天代課，晚上回到補習班教課、課後與家長討論溝通，結束後再負責善後教室雜務，黃執行長說，在最初教育改革的那段日子是最疲累的階段，當時我們教學、輔導每位學生和設計教材，所幸漸漸做出口碑、團隊增加人力，才得以讓身心喘口氣。黃執行長說，能持續的保持對教育的熱忱，來自看到孩子的進步與改變。曾有一位學生，國小成績優異，就讀國中後就一落千丈。經過了解才知道，過去待的補習班，居然有體罰機制。學習動機全來自於對處罰的恐懼。上了國中、離開補習班，自然沒有學習的動力與興趣了。這位孩子經由黃執行長的協助，啟發興趣、認識自己，透過「拆解任務」養成讀書習慣，成績漸漸起色、性情也變得開朗。黃執行長期望「森威教育」是在孩子心中種下種子，「鼓勵」成為養分、「陪伴」作為水分、「引導」是陽光，種子得以在這裡萌芽、成長茁壯，而森威的夥伴們將帶著熱忱繼續守護每一顆種子。

教育，是爲了給學生成就而非老師自己

目前在課業上，森威與翰林和南一出版社合作，透過兩大出版社的智能學習系統，精準掌握學生學習盲點，並透過AI智能系統，做出專屬的作業與考卷。讓學生的學習能過「對症下藥」，節省時間、事半功倍！

課業外，森威也注重多元智能開發。森威與嘉義大學一位教授合作開設程式設計機器人課程，讓孩子透過製作機器人學習程式語言邏輯；並與「超腦麥斯」合作加盟，讓孩子動手玩數學，透過實際操作體驗數字、理解數學。未來黃執行長期望「森威教育」能提供孩子更多課業以外的學習。「教育」最重要的資產是「老師」，「森威」的另一未來目標是，栽培更多有志於投身於教育的教師，將「森威」的教學經驗有系統的傳承下去。

森威多元教育中心 | 商業分享

- 翰林出版社Teams雲端學院
- 翰林出版社 TestGo學力檢測與學習試卷
- 南一出版社
- Upad智能學習系統與精選考卷
- LiveABC講義合作
- 超腦麥斯·Steams數學
- 黃崗國文
- 陳曦英文
- 林岳數學
- 王宇化學
- 許人聰物理

關鍵服務

- 致力引導孩子「動腦想」、邀請孩子「開口說」，讓孩子眞正融會貫通、靈活運用。

價值主張

- 訴求小班制、教育「精緻化」，期望老師可以照顧每一位學生。師生之間能有良好互動，鼓勵學生「動腦想」、「開口說」，眞正融會貫通所學知識、不死背。

顧客關係

- 與家長和學生建立良好的默契，一同爲孩子規劃學習計畫，陪伴孩子一步一步成長茁壯。

客戶群體

- 國小、國中、高中的學生，只要對成績有絲絲希望，森威都能爲你打造專屬計畫！

核心資源

- 專業升學規劃團隊，掌握升學動脈，爲學生量身打造計畫
- 名師團隊多年教育經驗
- 輔導團隊豐富的解題與陪伴經驗

渠道通路

- 實體空間
- 官方網站
- 媒體報導
- Line@
- Youtube
- Facebook
- Instagram

成本結構

- 營運成本
- 人事成本

顧客收益

Tip：教育是在孩子心中撒下「種子」，「鼓勵」是養分、「陪伴」是水分、「引導」是陽光。

Tip：每個孩子獨一無二，所以每個教育方法也都量身打造。

創業 Q&A

1.生產與作業管理-是否需要客戶的協助?怎麼溝通?

來補習的學生都有不同的程度、補習時間以及學習習慣。我們平時就會和學生與家長溝通，澈底去了解學生的狀況之後，爲每個學生打造專屬的學習計畫。此外，透過翰林雲端學習系統，我們還可以做到設計量身打造的作業和考卷，讓不同程度的學生都能得到最適性的學習內容。「適性成長，才能杜絕學習壓力。」

2.行銷管理-從客戶第一次接觸到成交，一段典型的銷售循環是什麼樣子？

與家長初次見面時，上課時間和價格不是第一重點。我們會先介紹我們的教育理念，這也是我們對家長和孩子的責任與保證。我們會在每堂課檢驗孩子有沒有複習，並且檢驗孩子學習的成效。如果沒複習，或是成效未達標準，我們會與孩子一對一溝通，瞭解學生的問題與狀況，並用一對一輔導的方式改善。當家長願意接受，孩子也能配合，那學習成效將會大大提升。

3.人力資源管理-合作對象的選擇和注意點?

森威的每個夥伴都很不容易，我們願意爲了孩子的學習狀況額外付出很多。像段考或會考學測前，有學生留下來讀書，即使超過下班時間，老師也願意陪在旁邊輔導、解題，還鼓勵學生多讀多問，甚至回家之後還用手機繼續服務學生。補教業是夕陽產業，我們希望能與具有教育熱忱的年輕人一起打拼，讓夕陽閃耀光芒，成爲最不一樣的夕陽。

華珍食品股份有限公司

許裕麟
總經理

東港老字號求創新 華珍食品股份有限公司

二代接班人-許裕麟總經理，華珍食品創立於屏東東港，至今已45年，父母親創業時代以販售早點及烘培食品，到現在茁壯成長，不變的真材實料美味加上殷勤親切的服務，深受在地鄉親所喜愛。華珍不斷在烘培業扎根、成長、創新，更因應海內外大量訂單的需求，成立中央工廠-華珍生物科技有限公司，嚴格管控品質，如今已是享譽海內外的知名食品大廠。

華珍食品股份有限公司，以煎餅為為主力成東港在地獨具特色的伴手禮，二代接班人許裕麟總經理，當年毅然決然承接父債，在龐大債務與家庭關係和諧中一肩挑起重擔，許裕麟總經理以「禍福相依」形容他與華珍的關係，決心以父母當年創業的美意而將其取名華珍食品，寓意中華美食山珍海味，進而東山再起。以供應早餐及烘焙食品起家的華珍食品，數十年來不改初衷，儼然成為東港家喻戶曉的食品品牌，聲名遠播。不過資訊爆炸的年代，每5年就會有一波新的食品潮流，如何順應潮流迅速因應成為在食品產業屹立不搖的主因，華珍食品順應潮流推出各式煎餅，創新精進，持續擴大市場的可能性。

子承父債 毫無怨悔

華珍食品年營業額在2014飆破5000萬元，但許爸爸跑到大陸湖北投資，一口氣負債6000萬元，許裕麟總經理其實接班是承接家族的負債，在巨大的壓力下，許裕麟總經理只好承接這巨大的負債，以過人的毅力與生意腦袋，其奮鬥故事及優質食品也獲蔡英文總統關注，2度前往華珍食品，戲稱「花生煎餅吃一塊可以睡得好。」華珍食品一炮而紅，引爆民眾搶購熱潮。不過疫情期間重創了華珍食品，當時面臨無法支薪的困境，一向秉持以人為本的華珍食品，仍堅持不裁撤員工，寧願借錢負債來支付薪水，許裕麟總經理認為人生難免低潮，只有勇於面對解決才能屹立不搖，一如他當年一肩挑起父債，咬牙苦撐。就因為有著這樣的信念，華珍食品積極創新，與農民合作，在花生煎餅一炮而紅後，開發商品的路上愈走愈廣，產學合作開發出紅豆沙餅、黑豆煎餅、火鳳酥、栗子地瓜餅等產銷履歷商品，企業挺農友開發出市場更多的可能性。

1. 華珍古早味飯糰　2. 華珍早餐　3. 華珍早餐店　4. 華珍伴手禮店　5. 華珍伴手禮店01　6. 華珍早餐旗艦店店面　7. 華珍早餐客座區01

以人爲本 不斷創新

華珍食品經營理念就是以人為本，如何與家人、員工、顧客溝通，並取得平衡點。其中家族企業最常遇到的分家、股份之爭，首要原則就是「回到家中就不談工作」，家人各司其職，公私分明，成為維繫家庭關係與事業經營的平衡之道。許裕麟總經理也坦言創業不是一件簡單的事，但同質性的企業如此多，如何創造自己的獨特性，在5年、10年沒辦法被超越，靠的是許裕麟總經理分享華珍食品的三要條件，首要是長效性食品，產銷履歷、iso認證都須具備，口味與技術獨具一格，獨家引進全世界僅7台的日式煎餅機，研發超音波和紅外線驅趕水分的工法，製作出家喻戶曉的花生煎餅、黑豆煎餅、火鳳酥、老鷹紅豆煎餅等食品口味創新，都兼顧環境永續議題，成為華珍食品可在市場上屹立不搖的關鍵。

許裕麟總經理談到創業就是願意做，不抱怨，短期規劃就是以人為本，持續經營華珍品牌，中期目標則是如何在穩定成長中，在正規經營中尋求創新求突破，他認為華珍早期就是以經營早餐起家，每日人潮絡繹不絕，儼然成為東港榮景，即便在企業體越做越大的同時，也要不忘初衷，在傳統中力求創新變革，如何能把品牌做出差異化，產品做好、服務做好，客源自然來。也希望有志創業者，要在創業中取得平衡，不忘初衷，才是歷久不衰的關鍵要素。

華珍食品股份有限公司 | 商業分享

- 農民
- 企業
- 消費者

- 烘焙食品產製、販售

價值主張

- 以人爲本，不忘初衷

- 店面客、網路客

客戶群體

- 喜愛烘焙食品客群

- 農產烘焙新技術
- 獨家煎餅生產履歷及清認證

渠道通路

- 店面販售
- 官網販售

成本結構

- 營銷成本
- 店面廠房成本
- 人事成本

販售烘焙產品

Tips:人，不一樣，才會不一樣。

Tips:永續經營，不忘初衷。

創業 Q&A

1.生產與作業管理-主力產品的重點里程碑是什麼?

華珍以煎餅爲主力產品，華珍煎餅是全台唯一堅果含量最多的餅乾，製程特殊，口感好吃，奶香、餅香、堅果香，成爲我們獨一無二的產品特性。產品本身就因爲獨特性而知名，後來有幸因蔡英文總統與網紅的開箱影片，介紹到我們煎餅十分好吃，而一炮而紅!

2.行銷管理-公司有什麼公關策略?

華珍十分力挺地方政府，2019燈會主辦地點在屏東-東港大鵬灣。我們提供數萬片的煎餅，給予屏東縣政府作爲燈會活動的紀念餅，也因此讓更多來自各地的好友，品嘗到我們的福爾摩莎煎餅! 也增加我們的知名度，讓更多人看見我們的品牌與美味煎餅。

3.人力資源管理-合作對象的選擇和注意點?

我們長期以來喜歡與友善環境的小農來合作，我們相信台灣農產品很好，也值得被看見! 我們嚴選許多產銷履歷認證的原物料來製作糕餅，透過政府嚴格把關，來讓消費者食得安心。目前華珍可以算是糕餅界中使用多項產銷履歷產品的店家，我們也會持續用在地食材，研發更多品項。

駿興工業股份有限公司

TZUMii 厝覔

Zoom-in / 厝味 / 趣味 / しゅみ

王辰元 Kenny
總經理

TZUMii厝覔DIY家具

打造愜意的居家生活，讓家更完美!

駿興工業 TZUMii厝覔DIY家具

王辰元(Kenny)，駿興工業股份有限公司的總經理。堅持老一輩的品質要求,更順應時代趨勢，從傢俱生產代工到創立獨立品牌，開啟全新視野與挑戰。

從代工到自創品牌，看見商機轉變

駿興工業 1992 設立，以代工為主要服務,擁有先進的技術，帶起市場 DIY 風潮，並將產品逐步打入特力屋、家樂福、大潤發等量販通路。2002 年市場需求增加，駿興工業前往越南設廠，提高產能滿足台灣市場，也開始供應日本、美國、歐洲等需求，從原本 2 條產線擴展到10 條，以滿足市場龐大的需求缺口。

王辰元總經理 Kenny 說到，一直以來公司都著重在代工業務上，近幾年才開始自創品牌「TZUMii 厝覔」並經營與推廣，希望能讓品牌和產品都能被消費者熟知與喜愛。

駿興工業早期以空心板技術、家具代工闖蕩出一片天地，更深入量販店通路佈局，穩扎穩打的基礎不斷前進。而在近幾年Kenny觀察到市場商機，創立自有品牌「TZUMii厝覔」，以家的概念出發，打造出收納機能與時尚並俱的產品，讓消費者享受空間美學所帶來的愜意生活氛圍。

TZUMii厝覔到趣味，打造溫馨別具風格的居家空間

品牌TZUMii所代表的是「厝覔」，是「趣味」，是日文中的しゅみ(嗜好)的涵意，讓家充滿溫馨又充滿趣味的氛圍，是每個人最放鬆的地方，打造美好的居家空間。Kenny觀察到小家庭是未來趨勢，因此提升「TZUMii厝覔」收納強項。除了提高產品收納性能外，「TZUMii厝覔」在品質控管上也不遺餘力，嚴格管控木板與五金品質，並在產品加入補強板，提升產品穩固及耐用度，甚至連消費者容易忽略的背面也有美化服務。

Kenny強調「TZUMii厝覔」以打造「完美的家」為宗旨，運用資深團隊經驗與專業技術，用趣味打造品質生活，用厝覔創造家的型態，

1. 和「樹德收納」合作舉辦親子收納競賽　2. 在半山夢工廠舉辦的親子收納競賽　3. 與樹德收納一起合作的親子收納競賽　4. 於南崗體驗店邀請整理師，舉辦衣物收納講座
5. 與「生活工場」，共同合作的親子收納講座　6. 臺灣閱讀節設置的樂齡桌遊區，使用厝覓提供的大規格工作桌　7. 在夢工廠體驗門市舉行衣物收納講座

讓每位消費者都能擁有一個舒適的居家環境。

打造「TZUMii厝覓」品牌獨特性，避免惡性的削價競爭

Kenny認為成立品牌是需長期經營，如何讓消費者認識品牌、願意購買、滿意再回購，都需要注入很多心力、資金與時間。然而組合式家具屬於中低價位，消費者以價格取向，當團隊用心研究新產品，競爭對手相繼模仿並推出更低價格，因此很難留住消費者。各家廠商為了吸引消費者購買，往往會用價格取勝，一來一往容易落入惡性削價競爭。成立「TZUMii厝覓」後，Kenny決心不走價格戰，而是凸顯品牌獨特性—強調品質與收納功能，做出市場差異。在經營策略上，從一開始價格導向，到中期技術提升與品質控管，逐步發展產品設計符合市場需求，就是這樣不斷調整與改變，讓「TZUMii厝覓」品牌創立雖然艱辛，但是每一步都是穩紮穩打的向前邁進。

堅持與努力，「TZUMii厝覓」紮根台灣，放眼國際

對於「TZUMii厝覓」Kenny說到，短期以透過實體體驗館與服務人員講解，推廣「TZUMii厝覓」產品與服務，穩定提升分店數量；中長期持續會員經營，穩定擴點增加品牌知名度，透過異業結合或聯名合作推廣到國際，讓台灣在地品牌—「TZUMii厝覓」能夠讓更多大眾熟知這個品牌及文化。

對於想創業的人，Kenny 給予幾項建議：

1.遇到困難，咬牙堅持下去：放棄很容易，但是堅持卻不是人人可以做到的。

2.用團隊力量解決問題：遇到問題時善用團隊、腦力激盪，接納多元建議。

3.適度放鬆培養多元興趣轉換視角，再來思考解決方案。

4.面對動盪的市場，需要彈性應變的能力，不能堅守舊的方式與思維。

駿興工業從代工到創立品牌—「TZUMii厝覓」，靠的是對於品質的堅持把關；面對挫折的堅持不懈，在王辰元總經理(Kenny)帶領下，以產業經驗與專業技術，為顧客設計出愜意又趣味的傢俱，讓家成為每個人舒適又放鬆的美好所在。

駿興工業股份有限公司-TZUMii厝覓DIY家具 ｜ 商業分享

重要合作
- 家具製造
- 家具設計
- 體驗展示館
- DIY 家具工廠
- 客製化家具

關鍵服務
- 家具製造
- 家具設計
- 體驗展示館
- DIY 家具工廠
- 客製化家具

價值主張
- 品牌TZUMii所代表的是「厝覓」，念作台語「趣味」，更是日文中的しゅみ(嗜好)的涵意，讓每個人的家，充滿溫馨又充滿趣味的氛圍，是每個人最放鬆的地方。
「TZUMii厝覓」希望成爲所有人居家中的好夥伴。

顧客關係
- 家具製造
- 家具設計
- 體驗展示館

客戶群體
- 一般大衆
- 小資租屋族
- 房東
- 生活家居品牌(平台)

核心資源
- 家具設計
- 製造資源
- 產業經驗

渠道通路
- 門市
- 官網
- 粉絲專頁
- IG
- YT
- APP
- LINE@

成本結構
- 營運成本
- 人事成本
- 設備採購與維護

收益來源

產品銷售
訂單生產

Tip：走出品牌獨特性，價格戰不是唯一商業模式。
Tip：放棄很容易，但是堅持卻不是人人可以做到的。
Tip：用團隊力量解決問題。

創業 Q&A

1.生產與作業管理-主力產品的重點里程碑是什麼?

從早期的代工奠下的基石，到近年發展自有品牌--『TZUMii厝覓DIY家具』，有著穩定品質且價格親民，具備資深的產業經驗與開發團隊，外銷市場具備市場性，品牌目標『成爲大衆居家中的好夥伴』，解決現代小坪數空間的收納困擾，並滿足個人居家風格。

2.行銷管理-公司社群媒體的策略是什麼?

1.多元KOL或KOC合作 2.長/短影音企劃主題開發 3.內容行銷文章撰寫或合作

3.人力資源管理-合作對象的選擇和注意點?

生活、家居類品牌或平台等爲主，領域與調性符合小資、生活、居家等題材，能夠自然呈現家居樣貌。

4.研究發展管理-如何讓市場瞭解你們?

透過異業合作、門市體驗、影音合作、品牌活動等，線上線下整合品牌行銷的模式

5.財務管理-目前該服務的獲利模式爲何?

1.線上線下銷售 2.品牌或平台等產品代工

圓圈圈舞團

郭瑜婷 Fish Kuo
團長

盡情旋轉 盡情跳躍 圓圈圈舞團激起追夢漣漪

「圓圈圈舞團」郭瑜婷小魚團長及Yumi副團長創立舞團秉持讓孩子開心跳舞，快樂成長的初心，可以在舞蹈中找到快樂及成長，一開始團長也在當老師及創立舞團間抉擇，在友人鼓勵下，朝著最初的夢想前行，決定創立舞團，帶領更多孩子領略舞蹈的美好與快樂。

創立舞團在立案時其實備受挫折，儘管參加台中市多場舞蹈比賽，已小有名氣，卻因為遭到同行檢舉，從挫折中一步步修正改進，在過程中花費不少心力，卻苦於無法動工，甚至只要一開課就遭到稽查，曾有一整年無法營業，房租、資金運用相當燒錢，更加上三波疫情影響，人員流失、課程停擺，創業過程可說是嚐盡苦頭，現在談起來，則更是一段難以忘懷的經歷，帶領著圓圈圈從無到有、從失敗到成功的寶貴經驗。

秉持初衷 散播舞蹈的熱情與愛

就是愛跳舞，就是想跳舞，圓圈圈舞團秉持著創業以來不變的初衷，儘管過程遭遇不少困難，仍排除萬難，一心一念只想陪著這群熱愛跳舞的孩子。讓孩子在舞蹈空間裡盡情旋轉、盡情跳躍，無止盡的幸運與愛的傳播，讓愛跳舞的信念成為種子，在每個孩子心中滋養茁壯，形成一波波漣漪，成為最美的圓圈。

小魚團長說，也許將來孩子並沒有往舞蹈的路上走，但曾在舞蹈中具有熱情，或是在未來工作上成為啟發激勵旁人的力量，讓舞蹈不只是在舞台上發光發亮，更在無形中讓舞蹈深化進每個人的心裡，這樣舞蹈之意義就是無價的。更分享了，其實圓圈圈舞團並不強求孩子一定要參加比賽，但如果這個孩子想參加比賽，圓圈圈舞團絕對盡全力為其設計舞蹈主題、陪伴支持，透過舞碼的呈現，也要帶給孩子的觀念是從創作及編舞過程中，名次並不是唯一，一步步進步開心成長，一步步朝著夢想前進，才是最重要的關鍵。

像家一樣的情感 建立信賴看見成長

圓圈圈舞團的舞風及特色從幼兒律動到成人舞蹈、瑜珈、街舞、現代舞、芭蕾皆有，更極力推廣舞蹈文化，提升孩子藝文氣息，因此幼兒律動、幼兒芭蕾是圓圈圈舞團最引以自豪的課程，引導團員理解所有舞蹈都從律動開始，控制、延伸、律動，融合不同舞風等元素編舞，進而更要求舞蹈上的表演、表情、呼吸。

2022年8月28日舉辦《創世紀 Genesis》大型公演，每兩年舉辦一次的大型公演，以舞劇形式呈現，節慶時更舉辦小型展演，並配合市府活動參與演出，也曾在國慶時出席表演，與市長一同升旗，在多場演出下，家長們的善意回饋及孩子們進到舞團的笑容成為圓圈圈舞團最大的成就感來源，家長看見用心、孩子學到開心，圓圈圈舞團不以利益為出發點，在理念相同的家長支持下，成為圓圈圈舞團最大的鼓勵，讓孩子在圓圈圈舞團快樂成長，對舞團自然而然形成像家一般的情感，Yumi副團長也分享，有孩子從2歲就

來學舞，從一開始需要家長陪同，慢慢的孩子與舞團建立起感情及信賴感，曾有媽媽擔心孩子能不能登台演出，「不管一開始可不可以，只要孩子敢站上舞台，在舞台上的進步與成長，都是一般課程看不到的。」看見孩子的成長，願意分享、開心跳舞，就是最大的回饋。

找尋志同道合的夥伴
最大的創業能量

在創業的過程中，有一個很棒的夥伴是很幸運的事情，在遭遇挫折時，成為最大的創業能量。而跟隨著圓圈圈舞團成長的家長，義無反顧的支持與信賴，更是驅使圓圈圈舞團前進的原動力，在疫情趨緩下，短期目標就是希望穩定學生客群及

在創業的過程中，有一個很棒的夥伴是很幸運的事情，在遭遇挫折時，成為最大的創業能量。而跟隨著圓圈圈舞團成長的家長，義無反顧的支持與信賴，更是驅使圓圈圈舞團前進的原動力，在疫情趨緩下，短期目標就是希望穩定學生客群及教學品質，積極參與競賽，滾動式調整方向，期盼漸上軌道。更期望2年後能舉辦舞展，在穩定下求成長，教學曾因受限空間限制，也希望換到更寬闊的教室，具備遊戲室，結合周邊商品，讓孩子擁有更舒適的學習空間，像團名圓圈圈一樣激盪出更多漣漪。

團長也建議，「創業有時候並不是決定了目標就一定能達成，而是決定了目標後，就會往這樣的方向前行」，下定決心就去做，評估客群市場，走出自己的特色，確立目標勇往前行，同是舞蹈人彼此激勵成長，勇敢嘗試，千萬不把自己的路走窄了，共同為舞蹈圈盡一份心力，這也是圓圈圈舞團創立的初衷，也是給未來想創業的年輕人最好的建議。

圓圈圈舞團 | 商業分享

重要合作

- 想學舞的幼兒/成人

關鍵服務

- 幼兒芭蕾
- 成人芭蕾
- 街舞
- 現代舞
- 民族舞蹈各式舞風

價值主張

- 希望讓孩子在舞蹈空間裡盡情旋轉、盡情跳躍，無止盡的幸運與愛的傳播，讓愛跳舞的信念成爲種子，在每個孩子心中滋養茁壯，形成一波波漣漪，成爲最美的圓圈。

顧客關係

- 舞團成員
- 異業合作

客戶群體

- 2歲起幼兒/成人

核心資源

- 專業舞蹈
- 專業師資
- 多年表演經驗

渠道通路

- 舊客引薦
- IG、FB社群
- 實體空間

成本結構

- 人事成本
- 設備空間租金
- 營運成本

收益來源

授課費用

Tips:身為舞蹈人，走出特色，勇敢嘗試。

tips:盡情旋轉、盡情跳躍，無止盡的幸運與愛的傳播。

創業 Q&A

我創業，
獨角
UNIKORN
UNI ORN
UNI ORN
UNI ORN
UNI ORN
圓圈圈舞團
SCAN ME
LIVE
tel: 04 2310 2588
FB：圓圈圈舞團
add: 台中市西屯區大墩二十街99號3F

妮娜皇家舞蹈

曹嫚娜
藝術執行

舞出與生活的連結—妮娜皇家舞蹈

「妮娜皇家舞蹈」藝術執行暨創辦人-曹嫚娜老師，不以「拿獎盃」和「升學紅榜」為教室目標，卻一樣能教出可拿獎盃、能進專業舞蹈學校的孩子，這些孩子除了擁有舞蹈技能外，還獲得甚麼樣的能力，讓家長願意為了方便孩子到「妮娜皇家舞蹈」教室學舞，而搬遷到教室附近？

傳承舞蹈、傳承能量

曹嫚娜老師-彰化員林人，18歲即在啟蒙老師－游月說老師教室打工擔任助教、助理，開始認識舞蹈教室經營樣態。香港演藝學院舞蹈系畢業回台後，繼續在老師的教室和各大學校擔任任課教師。執教多年後，曹嫚娜老師教導的學生考取舞蹈學校、舞團和拿下的獎項無數，但總不認為自己未來會開設舞蹈教室。看著老師與家長之間的柔軟身段、八面玲瓏的處事能力，自己常望塵莫及，但累積數十年的教學能量似乎逐漸沸騰，愈發滾燙的熱忱，總覺得可以再為舞蹈藝術多做些甚麼， 於是「妮娜皇家舞蹈」就在各方面的推波助瀾下於2012年成立。

用舞蹈激發突破自我的能力、與眾人共創美好

當初以「妮娜皇家舞蹈」取名，「妮娜」是創辦人的英文名字譯音，而「皇家」的取用，一方面源於創辦人在香港演藝學院時，受訓於英國皇家芭蕾教官的師資教學系統，另方面則期許「妮娜皇家舞蹈」教導出來的孩子都能擁有皇家氣質的展現：這展現，並非貴氣驕縱、更非與現實格格不入，而是培養健康的身心狀態，對事、對人、對自己都能以樂觀、自信、愛人的角度出發，從容散發「皇家」雍容大度的氣息。

「妮娜皇家舞蹈」與坊間大部分的舞蹈教室不同，不以「升學」和「比賽」為訴求，而是以「透過舞蹈，用肯定方式激發孩子身體和心理的耐受力；並鞏固孩子的正向思維，讓正能量成為永久資產」為核心理念。

傳統型舞蹈教室講求「速成」，短時間內讓孩子贏得比賽、獲得獎盃；舞蹈並不像籃球、田徑等競技類型運動，這類型運動以「進球數」「秒數」等數字來判定隊伍輸贏，但舞蹈的評斷標準常是主觀且具操作空間。曹嫚娜老師不希望孩子認識的舞蹈的只建立在競爭關係中，更不希望把孩子訓練成接收指令100分的拿獎機器。孩子在習舞過程中，需要引導他們能夠思考，清楚瞭解自己在身體裡的優勢和不足，也能看見自己在團體中的角色關係， 並在團體互動中換位思考，在身體感覺最辛苦和最喜悅時，都能與同儕相互勉勵、協助合作。「舞

蹈比賽」「升學導向」固然可以短時間拿來成為輔助、刺激學習的方式，但不能成為孩子學習舞蹈的唯二目的。尤其在108課綱講求素養教育的現今，要求獲得舞蹈「知識」、擁有舞蹈「技能」都已不再足夠，必須建立對舞蹈真正的熱忱「態度」，進而建立素養教育中要求的「自主」「參與」和「互動」三大能力。當孩子認識的舞蹈不再僅有「比賽」和「升學」功利價值時，他們才能在學習過程中，接收和運用真正的藝術價值，讓善良、樂觀和人際締造個人優勢，為自己累積更多的貴人，即使未來沒有繼續往舞蹈方向前進，孩子也能帶著這樣的能量去迎接人生任何挑戰。這是曹嫚娜老師創立教室的「初心」，也是「妮娜皇家舞蹈」一直以來的經營理念。

備受肯定、桃李滿天下

年輕時常只用感性做事的曹嫚娜老師，為了經營舞蹈教室，強迫自己接觸最不擅長的商業知識，攻讀藝術管理研究所。然而，有了背景、概念，運用在現實層面卻不是如此順遂，硬體設備、人員管理、招生行銷…種種瑣碎的問題都無法倖免，所幸習舞時所磨練出來的韌性加持，堅持到今，常有社區住戶和學校主動邀約開班，現在「妮娜皇家舞蹈」桃李滿天下，經營邁入第11個年頭，通過時間累積、疫情的考驗，獲得更多家長的肯定，「妮娜皇家舞蹈」持續為舞蹈、為教育，在此地深耕、開花結果。

曾經有印象深刻的案例，一位剛喪夫不久的年輕母親，帶著幼稚園年紀的孩子前來問課，這位母親在對談中，勇敢的笑容不時被憶起的感傷觸動淚光，大女兒受到大人的情緒波動，臉上表情惶恐無助，對環境敏感容易流淚。母親希望藉由舞蹈轉變孩子生活，重拾快樂和自信，在與曹嫚娜老師交談後，全然認同理念，把兩位女兒都託予教導。兩位小女生在「妮娜皇家舞蹈」學習舞蹈逾6年，姊妹倆變得開朗，大女兒從舞蹈中找到自信和笑容，小女兒更是學校舞蹈校隊的佼佼者；媽媽看到孩子的變化，也找到重心而展顏歡笑。這個案例在曹嫚娜老師的心裡是一個很重要的記錄，它勉勵著自己，經營過程中，儘管各種無理的人、事都挑戰著自己的意志力，但只要還有需要自己能力的家長和孩子，就責無旁貸得繼續前進，也由於曹嫚娜老師在教育的路上用堅定的心作對的事，即使不大肆做宣傳，好口碑也讓「妮娜皇家舞蹈」的學生能源源不斷。

妮娜皇家舞蹈 | 商業分享

重要合作

- 與各領域教育專家合作講座、課程、成果展

關鍵服務

- 紮實的舞蹈經歷、背景

價值主張

- 「台下一分鐘，台下十年功」、「孩子的改變不是一蹴即成，果實開花結果需灌溉、需耐心等待」，不講求比賽、獎盃，而是讓孩子在這裡享受舞動身體的快樂、培養美學見上能力。

顧客關係

- B2C

客戶群體

- 任何想學習舞蹈之群體。

核心資源

- 經營者多年來舞蹈相關工作背景、經驗

渠道通路

- 實體空間
- 官方網站
- 媒體報導
- Line@

成本結構

- 營運成本
- 人事成本
- 設備採購與維護

收益來源

課程售出收益
廠商合作利潤

Tip：正面力量激發對舞蹈的渴望及鑑賞能力。

Tip：改變不是一蹴即成，果實開花結果需灌溉、需耐心等待。

創業 Q&A

NEXT TAIWAN STARTUP
我創業，獨角
UNIKORN
妮娜皇家舞蹈
SCAN ME
• LIVE
tel: 04-24613220
fb: https://www.facebook.com/nina.royal.dance
add: 台中市西屯區國安一路167號

東明健康福祉事業

謝長佑
執行長

讓每個需要獲得妥善照護，成爲溫柔可靠後盾

—東明健康福祉事業有限公司

謝長佑先生，為東明健康福祉事業有限公司執行長。原先投身半導體產業，因為家中事業人手不足，一個契機、一個轉念便回到東明健康福祉服務，與手足一同打拼，繼承父親遺願、傳承母親衣缽，帶領東明健康福祉事業有限公司，一步步拓展、完善，朝向美好邁進。

放棄出國深造回到東明健康福祉幫忙，一切歸零從頭開始

謝長佑先生，工程背景出身，畢業後便到半導體業服務。經過幾年的經驗淬鍊，正當準備出國深造學習時，遇到東明健康福祉人力不足問題，經深思熟慮後，感念父親理念、感謝母親與姊姊們對於家中事業辛苦扶持與經營，果斷放棄出國念書，以及半導體科技業發展，投身另一個領域—長照產業。

一開始回到東明健康福祉服務，謝長佑先生不畏辛苦，從基礎做起。擔任照服員協助長者洗澡、換尿布；司機人力吃緊，便動身支援協助接送長者至醫院就醫看診。也聽從姊姊建議，錄取亞洲大學長照科系，增進自身對於長照認知與專業度，也是在這個時候，讓謝長佑先生奠定長照產業發展、未來趨勢的概念，對於經營也有了更完整的想法與概念。

東明健康福祉要成爲:「在長照和健康服務領域，最受民衆信賴的服務提供者」

謝長佑先生表示：「東明健康福祉，要成為在長期照顧或是健康福祉產業領域，最受民眾信賴的服務提供者。」是公司的企業願景與自始自終不變的努力方向。謝長佑先生也認為—照護，是人與人之間的服務，所以信賴感很重要，因此他常常與同仁們強調「五大核心」—「誠信、專業、服務、創新、團隊」，因為做過基層的謝長佑先生理解，在服務過程中無法隨時隨地保持完美，被照護者與其家人，任何小問題都有可能延伸大問題，因此對於同仁們的訓練，謝長佑先生更著重、提醒同仁—以專業用心，獲得被照護者的信賴，才是一個好的循環。

以目前的產業現況，謝長佑先生認為資源過於片段，對於一般民眾過於深澀且陌生，造成遇到問題時無法及時獲得處理，因此東明健康福祉以個案需求為出發點，創立一站式服務顧問，任何長照方面需求都會協助、轉介，成為民眾信賴的服務品牌。

4

5

6

7

1. 慈心護理之家-明亮舒適的空間環境　2. 連結佛光山-護家內辦理浴佛節活動　3. 帶長者手捲幸福包潤餅活動　4.員工人力資源提升課程活動　5. 帶長者大甲媽祖遶境鑽轎底活動　6. 帶長者中秋節包蛋黃酥月餅活動　7. 辦理社區巷弄長照站提供長者共餐及健康促進活動

配合政府長照2.0政策，陸續建立居家長照、日照中心、住宿長照等服務

107年配合政府長照政策，推出居家服務與長照據點，居家長照服務量能日漸健全，然而在長照產業累積不少經驗的謝長佑先生，觀察到需求，進而籌劃日照中心的興建，預計將於今年(2023)在北斗開設日照中心，服務白天需要照護的長者，安排專車接送長者到日照中心，透過簡單活動、娛樂、音樂治療等幫助長者保持活力。

謝長佑先生認為將服務完善，東明健康福祉以專業一條龍服務，幫助民眾快速獲得協助，讓每個家庭放心、安心將家人交給東明健康福祉。

有做、做完、做好、做對，讓服務達到更好的層次

東明健康福祉未來發展，謝長佑先生提及三個要點：第一，提升服務串聯性，以區域角度垂直整合服務，今年將開幕的北斗日照中心與二林住宿長照，都是整合一部分；第二，水平的業務拓展，將服務據點擴大，台中與雲林都是規劃目標；第三整合照顧—醫療與長照結合，整合斷層，讓服務員可以發揮專業做更好的應變。

最後，對於想投身長照產業的人，謝長佑先生建議需要增加專業能力與態度，「有做、做完、做好、做對」一步步前進，讓服務達到更好的層次。眼光要遠，確立理念與價值，在正確軌道上前進。

東明健康福祉 | 商業分享

重要合作

- 照護服務
- 居家長照
- 社區長照
- 住宿長照

關鍵服務

- 照護服務
- 居家長照
- 社區長照
- 住宿長照

價值主張

- 成爲在長期照顧或是健康福祉產業領域，最受民衆信賴的服務提供者。
  照護，是人與人之間的服務，所以信賴感很重要。

顧客關係

- 照護服務

客戶群體

- 一般大衆

核心資源

- 產業經驗
- 專業技術

渠道通路

- 官網
- 護理之家
- Facebook

成本結構

- 營運成本
- 人事成本
- 設備採購與維護

收益來源

服務照顧

Tip：有做、做完、做好、做對，讓服務達到更好的層次

Tip：願意面對問題，並解決問題

Tip：每個階段性的成長 都是里程碑

創業 Q&A

1.有沒有想幫產品再多加兩三個關鍵特色?如果要加那會是什麼?

在長照的照顧服務上，希望培養同仁更能夠設身處地同理長者的問題及需求，即時或事先做好因應處理，讓家屬可以安心託付長者給我們照顧。

2.公司目前如何行銷自家產品或服務?如果還沒開始，有什麼行銷計畫?

藉由提升公司服務品質，滿足個案各種問題及需求，讓家屬可以安心託付長者，並把我們的服務分享給更多需要照顧的長者。

3.未來一年內，對團隊的規模有何計畫?

凝聚願景使命核心價值的共識，建立各種管理制度標準流程、培養各種領導能力，藉以提升團隊服務品質。

有火鍋 台灣原力飲食

王惠貞
創辦人

從農場到餐桌，來一場美味的國土饗宴—台灣原力飲食股份有限公司 有火鍋

王惠貞，台灣原力飲食股份有限公司—有火鍋創辦人。以生態飲食概念，推廣優質食材，結合小農、有溫度的故事，傳達友善耕作的理念，品嚐美食同時也能兼顧美好的土地與生態。

生態廚師計畫，想讓更多人體驗國土饗宴

王惠貞創辦人在2020年受邀到宜蘭參與「生態國宴—生態廚師計畫」發表會。王惠貞創辦人第一次接觸到生態國宴，全新飲食概念。活動中王惠貞創辦人不禁感嘆，原來台灣也有這麼優秀的食材，展現令人驚嘆味蕾盛宴，更感動從農友到廚師，有一群人默默用心在為消費者與生態打造一個良好、共生共利的關係。透過這次體驗，在王惠貞創辦人心中埋下一顆的種子，希望推廣生態飲食的概念，讓更多消費者也能體會到，讓人如此驚豔的饗宴。

後來因緣際會下，王惠貞創辦人遇到一群對餐飲產業也熱情與經驗的夥伴，經過討論、深思熟慮，創立了台灣原力飲食股份有限公司，而「有火鍋」品牌也隨之誕生，王惠貞創辦人認為，「有」是一個開始，代表全心投入致力生態飲食，而火鍋是展現食材原味的方式，也是讓消費者快速理解與感受的一個模式。

支持生態農友、打造友善生態飲食，是「有火鍋」不變的理念

有火鍋，以支持生態農友，致力打造友善生態飲食，讓土地、食材與人的關係成為一個正向的良好循環。對土地友善，這份善意會呈現在食材上，也會傳達給消費者，帶領消費者了解友善生態，與帶來互利共好，願意支持友善生態飲食概念，成為友善生態一員。

王惠貞創辦人認為，任何事情都是「以人為本」，人對了事情就對了，人是每個環節中重要因素，王惠貞創辦人也強調，有火鍋品牌朝著對人都好的理念出發，對土地好、對夥伴好、對供應商好、對社區好，以好為發展基礎，才能永續發想。有火鍋也注重夥伴的教育訓練，除了專業技能培養，也重視品牌理念的認同，安排夥伴實地走訪農場，了解農場的故事，透過親身體驗而有更深的體悟。有火鍋也會安排理財或自我成長課程，期盼夥伴們生活與工作都能達到平衡，越來越好，就像有火鍋一直以來的品牌宗旨「共好」大家一起好！

傳達理念，用心與每一位到來的客人說故事

跨足餐飲產業後，王惠貞創辦人深刻體會到餐飲業的艱辛。在第一線服務人員，需要面對各種不同的消費者與突發狀況，如何提供符合期待與細緻的服務，常常需要考驗人員的機敏與高EQ。

為了將「有火鍋」品牌理念傳達給消費者，站在第一線的夥伴都需要說得一口好故事的能力，與消費者更多互動，讓他們了解食材的由來、品牌理念，願意用比較高的價格，回饋土地、照顧農友。當然，也是會遇到不理解，以價格評斷的消費者，雖然這讓王惠貞創辦人感到沮喪，但更多時候會收到正向回饋，像是為了有火鍋從北屯騎車到南屯的客人、吃過一次非常認同而包場的客人，都是讓王惠貞創辦人繼續堅持的動力。

有溫度的故事、友善耕作的食材，一起擁有美好的土地與生態

王惠貞創辦人持續將「有火鍋」的共好理念傳達外，也規劃的階段目標，短期目標創造穩定現金流，永續經營才能將理念延續；中期目標肩負更多社會責任，讓更多消費者認同理念，購買對人好的、對土地好的食材；長期目標則是希望能有更多元型態的經營，展現「共好理念」。

對於想創業的人，王惠貞創辦人也給予幾項建議：

創業雖然艱辛但很有趣，可以讓人快速成長

若有創業的念頭，就大膽去嘗試，每個經歷都是人生很好的養份，以「共好」為品牌宗旨的有火鍋，從農場到餐桌，展現友善耕作、自然食材的美味，讓每位用餐消費者都能品嚐到美味的「國土饗宴」。

有火鍋 | 商業分享

重要合作

- 友善耕作
- 廚師

關鍵服務

- 餐飲服務
- 友善生態概念

價值主張

- 支持生態農友，致力打造友善生態飲食，讓土地、食材與人的關係成爲一個正向的良好循環。

顧客關係

- 用餐需求
- 支持友善生態

客戶群體

- 親子客群
- 朋友聚餐
- 支持友善生態

核心資源

- 餐點提供
- 友善生態概念

渠道通路

- 官方網站
- 自媒體社群(FB/IG)

成本結構

- 營運成本
- 人事成本
- 設備採購與維護

收益來源

產品
餐飲
體驗行程
講座

Tip：有溫度的故事、友善耕作的食材，一起擁有美好的土地與生態

Tip：以人為本，人對了事情就對了

Tip：互利共好，打造友善生態

創業 Q&A

1.生產與作業管理-主力產品的重點里程碑是什麼?

起心於想留給孩子及下一個世代乾淨的台灣，幫有共同生命態度的友善小農代言發聲。有火鍋和有超市走過第一個年頭，歷經人事更迭，終於找到有志一同，休戚與共的內部共事夥伴及食材供應商。除了更確立未來行走的方向，也和認同理念的客人、工作夥伴及廠商有了更深層的連結。在汰換過第一輪供應商之後，目前架上的產品更能爲客人及公司創造出更多的附加價值

2.行銷管理-公司目前如何行銷自家產品或服務?如果還沒開始，有什麼行銷計畫?

所有的工作夥伴，不管是樓上的餐廳，還是樓下的超市，都要練就一身說故事的好本領。餐桌上的食物，如果能瞭解從哪裡來、怎麼來，吃進嘴巴時就和這片土地有了更深的連結。受了感動的客人，自然會想把這份感動再傳遞下去。口耳相傳，是我們最穩定的客戶來源之一。另外，社群媒體的經營也不可少。不管是FB、IG、官方LINE到超市好康康報報社群，也都是我們的行銷管道之一。

3.人力資源管理-團隊的協調如何執行?有特別下功夫在這塊嗎?

相信：「人對了，事就成了。」我們很重視夥伴關係的培養。這間店是在爲土地盡一份力的理念下誕生的。因此培養出共同理念的夥伴一起共事非常重要。透過課程的訓練，實際產地的走訪，生態廚師的課程與到偏鄉國小孩童的煮食陪伴，共事的夥伴們有共同的信念，做起事來也更給力。One on one也是重要的團隊協調工具。團隊人數不多，因此每個人和主管的一對一溝通頻率和時間都可以更多一些。溝通多了，默契就十足。

寬豐工業股份有限公司

何希晧
董事長

安全、值得信任，無「鎖」不在 -寬豐工業股份有限公司

「寬豐工業股份有限公司」在1972年由創辦人何義輝創立，致力於研發製作「高安全性鎖心」、「萬能鎖匙系統」，創新概念與精良品質讓寬豐頻頻獲獎。就在2000年那一年，二代接班人-何希晧董事長一片孝心，卸下律師袍，決心回歸家中接下父親的事業，在何希晧董事長的帶領下，扭轉寬豐過去「傳統安全鎖具製造業」 形象，以「提供安全需求產品」的服務業為轉型目標，成功將「寬豐工業」行銷至全球五十多個國家，並擁有一百五十項專利，公司營收更是年年成長，成為揚名海外、臺灣中堅企業。

放下律師身分，決意接班

「寬豐工業」創辦人-何義輝，因為一次出門臨時內急，卻在眾多鎖匙裡找不到正確的鑰匙，意識到看似渺小、如此生活化的問題，卻是許多民眾的共同困擾，於是心生創業念頭，創立「寬豐工業」，致力於研發「高安全性」鎖心及「萬能鎖匙系統」，品質優質、獨家創新，就連非洲好望角燈塔上，都能看到寬豐工業的鎖頭。

二代接班人-何希晧董事長，2000年從父親手中接下「寬豐工業」，自小就在父親廠房幫忙的何董，體會到傳統製造業的辛苦，發奮讀書就為了不要在工廠工作。後來踏上律師一職的何董，執業五年後，接到父親語重心長的表示，如果不接下家業，工廠將以關廠

長的表示，如果不接下家業，工廠將以關廠落幕，一片孝心的何董，給予自己三年期限帶領公司成長，決心接下「寬豐工業」，用女性溫柔忠堅的力量、結合過去律師執業的思考邏輯，分析現況優勢，腳踏實地引領「寬豐工業」走向海外，穩健成長。

鎖的應用超越想像、無「鎖」不在

過去父親創立「寬豐工業」，以「REAL」做為品牌名稱，以示「寬豐」高品質產品及誠信服務，何董將品牌深化，服務，何董將品牌深化，「REAL」延伸為「Reliable 」、「Endurable 」、「Accurate 」、「Lock」，確立品牌意象及核心理念。

「寬豐工業」的特色為「高安全專利鎖心」，適用任何產業，鎖心變化高達二億多種，確實保障使用上的安全性及便利性。「雙機制櫥櫃密碼鎖」則取得多個國家專利，在全球銷售超過四十萬組的佳績，可口可樂、長榮航空等知名品牌皆為「寬豐」合作客戶，而臺灣覆蓋率逐年增加的youbike共享自行車，使用的即是寬豐工業研發的「機電整合安全鎖具」。原本就以超高品質聞名的「寬豐工業」，在二代接班人何董的努力下，讓鎖具的應用超越想像、無「鎖」不在，成功將台灣品牌打入國際市場、揚名國際，公司營收更是逐年成長。

土法煉鋼、腳踏實地

「隔行如隔山」，卸下律師袍的何董，接下「寬豐工業」的第一個挑戰是：如何強化公司體質：產品品質好，更要讓人知道。父親的研發能力、對品質的高度要求是寬豐的優勢，中高價位屬性的產品，更需要完善行銷策略，正當何董懊惱於如何佈局海外市場時，何董以「土法煉鋼」方式，詳細整理公司前三年銷售最好的產品以及客戶，將有限資源投入、專精在獲利最高的產業，突破過去「寬豐」設計創新很強、卻無門打入國際市場窘境。

除了打通通路是一大挑戰，初期與父親的溝通、與既有員工的衝撞、公司文化與制度的適應，再加上自我身分轉換的心態適應，對於剛接手的何董皆是困境，但何董並不因為辛苦而放棄，持續前進的動力來自客戶的信任。一次印象深刻的是，二十年前，「寬豐工業」員工人數才十多人，為了佈局歐美市場，何董與英國大客戶通信往來一陣子後，一人帶著產品隻身前往遠在英國工業區的客戶，在五金產業女性企業主並不常見，願意帶著粗重的五金親自拜訪，常常讓國外客戶驚豔、留下加分印象。

何董說起，過去擔任律師，成就感的來源與官司勝敗無關，而是來自當事人的信任，這份感動一直放在心裡，接下「寬豐工業」何董仍然以如此的誠信態度對待客戶、運用在商場，許多國外客戶皆是因為與何董交手、了解何董的為人，願意給予信任達到合作關係，甚至一合作就是二十年之久，何董表示，「策略」，使寬豐走出臺灣，而「誠信」，讓寬豐源遠流長。

「誠信」贏得信任，「誠懇」敲開世界大門

寬豐工業」在何董的帶領下，公司營收每年成長、屢屢獲得獎項，例如「小巨人獎」、「中堅企業獎」…等，這些肯定支持何董繼續努力、制定公司未來目標，短期是期望能將品牌拓展至更多國家、海外市場，中期則是整合台灣供應鏈，提高營收比例，而長期目標是期望繼續強化公司體質，以因應現代瞬息萬變的經濟局勢，也期盼寬豐朝向ESG永續經營邁進，即使五金產業實現難度相對較高，但何董表示盡量做到節能減碳，做好企業社會責任。

寬豐工業股份有限公司 | 商業分享

重要合作

- 長榮航空
- 台灣高鐵
- YouBike...等
- 知名品牌合作

關鍵服務

- 高安全性
- 高品質
- 創新概念產品。

價值主張

- 「高安全性鎖心」
- 「萬能鎖匙系統」

顧客關係

- B2B
- B2C
- 異業合作

客戶群體

- 任何安全性鎖具等需求之客戶。

核心資源

- 第一代創辦人設計理念與外銷行銷整合能力。

渠道通路

- 實體空間
- 官方網站
- 媒體報導
- Line@

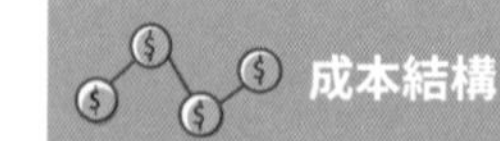

成本結構

- 營運成本
- 人事成本

收益來源

顧客收益
產品販售收益

Tip：讓鎖具的應用超越想像、無「鎖」不在。

Tip：用「誠信」贏得客戶信任，用「誠懇」敲開世界大門。

創業 Q&A

1.生產與作業管理-開發/溝通過程什麼事情發生最令人害怕?

客戶未提出明確需求, 採購人員沒有專業知識, 致雙方的溝通無法達成共識; 或者是已投入相當多人力及時間, 最後因爲客戶高層沒有預算, 浪費諸多時間

2.行銷管理-公司目前如何行銷自家產品或服務?如果還沒開始，有什麼行銷計畫?

官網, SEO , Google 廣告等行銷方式, 國際性參展活動

3.人力資源管理-短期內還有什麼需要補進來的關鍵角色嗎?

國際供應鏈管理, 人力資源管理, 行銷人才

4.研究發展管理-公司擁有哪些關鍵智財?(例如：專利、 申請中專利、著作權、商業機密、商標、網域名稱等等)

國內外專利 , 商標, 網域名稱

5.財務管理-成長增速可能會遇到哪些阻礙?

因成長加速, 資金需求變大

弗勒莉藝術酒窖

陳俊男 Handsome
創辦人

品酒、品空間，享受美好片刻-弗勒莉酒窖

家族從事建設公司的陳俊男Handsome，沒有選擇步入家族事業，而是與太太開創全然不同的產業。因為喜歡品酒、收藏，與太太的藝術工作結合，創立「弗勒莉酒窖」，由著名產地「弗勒莉（Fleurie)」為發想，期望顧客來到弗勒莉，能享受優雅細緻的品酒體驗，並打造藝術空間，不定時舉辦展覽、講座、音樂會等藝文活動，增進會員彼此間的連結度，也讓顧客對「弗勒莉」有更強烈的歸屬感。「弗勒莉」不只是提供酒的空間，更是人與人之間交流情感、交換資訊的藝術空間。

創業從興趣出發，攜手創立品牌

「弗勒莉酒窖」創辦人-陳俊男 Handsome，2016年因緣際會，在啟蒙老師的帶領下，與太太接觸到葡萄酒，自此對葡萄酒散發的特殊香氣及多層次風味著迷，倆人開始學習品酒，家裡收藏的酒種也越來越多。

Handsome的太太從事設計相關工作，舉辦活動時常需要準備酒類飲品，夫妻兩人心想既然喜歡品酒、收藏，太太又是藝術工作者，且市場上並沒有酒窖與藝術空間合作的案例，於是Handsome 與太太攜手創立「弗勒莉酒窖」，酒窖結合藝廊、展覽空間，提供客戶品嚐美酒、同時也「品」藝術的休閒場所。

創造情境，親身體驗

「弗勒莉(Fleurie)」在法文裡，代表「花」的意思，也象徵「美好」、「完美」的意象，弗勒莉(Fleurie)同時也是著名的葡萄酒產區，帶有花香、口感細緻，是公認最「優雅」的風味。「弗勒莉酒窖」提供上百種的酒類供顧客挑選，藝廊空間也不定期和藝術工作者聯名、合作開展，舉辦藝文講座、音樂會、插花…等課程， 讓許多喜好酒、也喜歡藝術的顧客彼此交流、互動，給予顧客一個放鬆社交的全新選擇。Handsome期望顧客前來「弗勒莉」不只是有品酒、選購的需求，更能因為這個空間、氛圍，將「心」的步調放慢、放大感官，此時此刻靜下來細膩的品嚐、欣賞藝術，享受片刻美好時光。

Handsome分享，酒窖的產業文化，同行之間甚少交流，客戶的養成期「長」，整體產業氛圍較為「封閉」，對於新進產業的品牌想突破客戶信任、獲得產業消息及資訊較為吃力，這是Handsome 初期投入創業遇到的挫折之一。Handsome觀察到，坊間的酒窖，與客戶之間

4

5

6

7

的互動少、難以建立長期關係，客戶前來購買酒品後離開，這段互動就停止在這裡了Handsome利用這點突破產業長久以來的盲點，酒窖結合藝廊，不定期舉辦藝文活動、展覽、講座，顧客有機會在「弗勒莉」駐留，顧客間也有更多時間彼此交流、了解，「弗勒莉」也在顧客心中成為與友人相聚、放鬆享受藝文活動的場所。

與時俱進，因應時代變化、成長壯大

善用觀察的Handsome，對於「弗勒莉」的未來期許是能彈性變化、因應時代潮流，目前也著手規劃「數位酒窖」服務，用手機打開APP就能即時知道，目前擁有的酒支數量，放置在什麼溫度、濕度的環境也能一清二楚，未來也期望跟上「元宇宙」概念，推出高階酒款NFT，有NFT認證保障酒款來源，同時也讓客戶能有「收藏」感，增進選購葡萄酒的樂趣。

「弗勒莉」品牌的成功，Handsome認為並不是自己一人能獨立做到，而是來自團隊完美的分工合作，共同創造美好成果。Handsome 建議創業者，帶領團隊需給成員空間與彈性，「說一做一」的領導方式並不適合變化如此快速的現代社會，給予夥伴彈性發揮專長與創意，只要能完成任務、真誠態度對待工作，適度的休假及福利Handsome 皆是欣然同意。成員間和樂融洽、舒適自在，沒有多餘不適的情緒影響工作，夥伴更能將正面能量專心投入在目標，品牌便能穩定成長茁壯。「弗勒莉」因興趣而生，並在Handsome 的帶領下，因應時代成長，成為獨一無二的酒窖藝術空間。

弗勒莉藝術酒窖| 商業分享

重要合作

- 各大藝術家合作舉辦講座展覽、音樂會。

關鍵服務

- 上百種酒款種類、數位酒窖服務，並設有藝廊空間，不定時舉辦藝文活動。

價值主張

- 「弗勒莉」不只是提供酒的空間，更是人與人之間交流情感、交換資訊的藝術空間。

顧客關係

- B2B
- B2C
- 異業合作

客戶群體

- 任何有選購酒類需求，及喜歡藝文活動之客群。

核心資源

- 多年來對於葡萄酒之
- 專業知識、與各大藝
- 術家聯名之資源。

渠道通路

- 實體空間
- 官方網站
- 媒體報導
- Line@

成本結構

- 營運成本
- 人事成本

收益來源

酒類販售收益

Tip：將「心」的步調放慢、放大感官。

Tip：團隊完美的分工合作，共同創造美好成果。

創業 Q&A

獨角，
我創業
UNICORN
弗勒莉藝術酒窖
SCAN ME
LIVE
tel: 07-2692516
FB:https://www.facebook.com/fleuriemode/
add: 高雄市苓雅區新光路38號33樓之1

Chapter 3

Chapter3 目錄

悠勢科技股份有限公司

宋捷仁 Allen
執行長

解決車位供需失衡根本問題—悠勢科技

「悠勢科技」執行長-宋捷仁Allen，善於觀察、解決問題的Allen，意識到台北市車輛多、車位少的供需不平衡，也看準共享經濟在台灣逐漸吹起的風潮，創立「悠勢科技」即時預定APP平台，整合線上及線下服務，推出O2O新經濟模式，成功打入台灣市場，解決供應端土地閒置問題、創造更多利潤空間，同時解決用戶端車位不易尋找的根本問題。悠勢科技也將台灣成功經驗移植至日本市場，未來更預計拓展至韓國、歐洲等海外國家。

觀察需求、在對的時機點投

執行長Allen說起小時候的家庭環境並不富裕，認知到做為員工、領固定薪水無法改善生活，在優勢科技創立以前，Allen已累積二次的創業經驗。Allen觀察到，台灣停車場市場每年有將近300億的商機，而台北市的停車位將近80萬的數量，有七成皆是私人車位，大多時間是閒置狀態、沒有被使用，台北市的停車位供需嚴重不足，後來共享經濟的概念逐漸打入台灣，AirBnB及Uber等平台進入台灣市場，Allen意識到市場需求、找到時機點，便創立「悠勢科技 」。

「新經濟模式」翻轉「傳統商業模式」

Allen形容悠勢科技是「新經濟模式顛覆傳統商業模式」，悠勢科技的核心理念是解決長久以來台北市車位供需不平衡的問題，公有停車場車位與私人停車位的數量懸殊，將私人車位閒置的時段釋放出來，讓用戶透APP快速找到車位，付費也只要在手機上即能操作完成，悠勢科技使用智慧地鎖減去供應端管理的問題，使雙方在使用上都能更有效率。除了即時預定車位服務，悠勢科技瞄準未來台灣的電動車市場，提供預訂充電樁、租借特斯拉電動車等服務，不管是已經擁有電動車車主想尋找充電樁、未來考慮購入電動車想體驗特斯拉的用戶，都能在悠勢科技APP上一鍵完成。

對於供應端，悠勢科技提供合理的分潤，為閒置的停車位創造價值、利潤，悠勢科技與商辦、住宅管委會、私人地主皆有合作，也成功進駐許多知名國宅社區、大型建設公司、地產開發商，活化其建案之獎勵車位與閒置土地。而過去許多不願釋出車位的場所，受到疫情影響顧客減少，主動聯繫表示有意合作，如飯店旅館業、知名百貨集團旗下通路，也因全部訂定流程皆在手機上完成，減少與他人接觸機會，用戶使用率在疫情期間大幅提升，為供應端、

1. 2021花蓮員工旅遊　2.、3. 2022辦公室心門口　5. 士林中油福林超充站　7. 八里左岸渡船頭

用戶端達成雙贏局面。

與挫折相伴、做對的事

「所有成功都是由挫折堆疊而成」Allen說創業初期所有準備皆從基層做起，從挨家挨戶的登門拜訪地主、洽談合作，到親自為車位鋪水泥、畫線，皆是Allen親力親為，一次印象深刻的是，一位阿嬤帶著孫子看到Allen滿身水泥便說:「以後不讀書就跟他一樣去做工!」雖然這段小插曲當時讓Allen小小灰心，卻說著反倒初期階段的打拼是最單純快樂的，一切努力只有一個目標:「把品牌做好」。品牌建立後，服務、用戶數量逐漸穩定，一次偶然看到用戶的評價留言:「自從使用悠勢科技，就不太使用市面停車場服務了」簡短的一句話肯定了悠勢科技的服務價值，也肯定了Allen創業的核心理念:「解決車多、車位少的根本問題，並創造更多車位達到供需平衡」。

另一小趣事是品牌創立初期，在一次募資會議，投資人中途離席便沒有再回來了，正當Allen與夥伴面面相覷、不知如何是好的時候，該公司總經理對會議內容感到好奇便走進來，結果對悠勢科技的理念相當感興趣，也表示合作意願，資金也在幾天後順利到帳，Allen形容這次偶遇「天使投資人」的過程是始料未及，也再次證明，悠勢科技的核心價值、服務，符合時機、因應市場需求。

解決人的問題、以人爲本

悠勢科技除了最初在雙北推出服務，目前也已在台中、高雄等地區開通，短期目標是持續在更多縣市拓張，讓更多用戶認識、使用悠勢科技。Allen認為在台灣，還有將近700萬台的電動車等待轉型，中期目標期望與綠能公司合作，開發更多充電站，以滿足未來逐漸成長的電動車市場，也看準未來走向仍然會以共享經濟為解決方案，提倡「以租代買」，持續優化租借電動車服務，大量減少個人持有車輛，讓車子的使用率充分提高。除了在臺灣擁有成功案例，悠勢科技也已在2020年在日本設立公司，並且在東京、大阪等地正式開啟停車服務，未來目標拓展至韓國、歐洲等更多海外市場。

悠勢科技能有如此亮眼成績，Allen分享成功的關鍵在於「留意周遭的問題」，Allen意識到車位嚴重供需失衡，在對的時機點投入、努力，對於達成夢想已是事半功倍，Allen也建議想開始創業的人:「做事前，先學會做人」許多服務推出的初衷皆是以「解決人的問題」、「以人為本」為出發點，再來是創業過程中，開發車位、與團員溝通、甚至是與投資人提案，皆須處理人際關係，為「人」提供服務、處理好「人」的問題，將是創業家必經歷也必須習得的技能。

悠勢科技股份有限公司 | 商業分享

重要合作

- 私人車位地主
- 商辦
- 住宅管理社區
- 飯店業者
- 百貨旗下集團閒置
- 空地⋯等

關鍵服務

- 創造更多車位
- 充電樁租借
- 特斯拉電動車租借服務

價值主張

- 解決「車多、車位少根本問題」以O2O模式整合線上、線下服務，落實共享經濟。

顧客關係

- B2B
- B2C
- 異業合作

客戶群體

- 需要即時預定車位服務之客群，想要預定充電樁與電動車之客戶。

核心資源

- APP體驗流暢
- 各大供應端提供之車位數量。

渠道通路

- 實體空間
- 官方網站
- 媒體報導
- Line@

成本結構

- 營運成本
- 人事成本
- 設備採購與維護

收益來源

用戶端付費收入來源、廠商合作利潤

Tip：新經濟模式顛覆傳統商業模式。

Tip：做事前，先學會做人。

創業 Q&A

1.主力產品的重點里程碑是什麼?

建立充電事業體與租車業務

2.接下來會做什麼廣告?

內容行銷

3.未來一年內，對團隊的規模有何計畫?

擴展日本市場

4.公司規模想擴大到什麼程度?

服務擴張至全球百大城市

5.目前該服務的獲利模式爲何?

分潤

Argent 安爵銀飾工房

何柏蓉 負責人　吳大為 品牌創辦人

Argent 安爵銀飾工房

為你留「鑄」值得紀念的一刻-「安爵銀飾工房」

「安爵銀飾工房」創辦人-吳大為、何柏蓉Mandy，偶然機會下結識銀飾工廠師傅，並且當時網路創業剛開始萌芽，過去即有電商、網路行銷經驗的Mandy，結合擁有銀飾工廠的資源，與大為兩人攜手創立「安爵銀飾工房」，從販售既有銀飾商品，漸漸轉型成為「客製化訂製」服務品牌，從寵物骨灰項鍊、浮雕佛牌、紀念性製品熔銀改造，「安爵銀飾工房」皆能為你訂製、為你打造，擁有品牌御用技師，只要帶著您的想像、設計，「安爵銀飾工房」都能為你服務，提供客戶-不只是飾品，而是獨一無二的紀念品。

創業意外巧合、順勢而起

大為、Mandy共同創辦「安爵銀飾工房」，說起創業的起因屬機緣巧合：大為過去是空軍戰機F-16的機工長，在職場上因緣際會認識銀飾工廠師傅，意外了解到銀飾產業的客製變化大、具有服務性價值，再者，那個時代網路剛剛興起，大為因為曾經在網路上販售二手用品獲得不錯的回饋，認為將工廠產品端的資源與網路販售結合，將會是一大商機，於是找來擁有豐富網路電商經驗的Mandy，創立「安爵銀飾工房」，結合網路與實體門市，提供客戶各式銀製品客製與終生免費維修服務，從最初「銷售端店家」，漸漸整合發展自身技術，並培訓品牌專用技師，打造其他銀飾品牌難以複製之專業服務與特色。

客製你的「想像」與「設計」

大為和Mandy表示，一開始經營銀飾品牌，產品皆是工廠已打樣好、做好的成品，品質雖然優良，但兩人意識到如此一來與市場沒有區隔性，也相當容易被同行取代、複製。漸漸地，開始有客戶上門詢問是否可以客製化？是否可以將自己的設計圖交由「安爵銀飾工房」製作？接下案子的大為和Mandy，發現許多民眾有「客製化」的需求，卻鮮少有品牌承接訂製的服務，於是兩人將服務核心轉往「高端客製」、「高度個人化」為主要理念，並開始著手培養品牌的技術人員、確保師傅的出產品質，高度還原客戶的設計與要求，讓客人拿到成品、感受到的不只是物品，而是具有紀念價值、獨一無二的代表物。「每位客戶都可以是產品設計師」，只要帶著你的想像、設計圖，來到「安爵銀飾工房」皆能為你實現、為你打造，讓客戶在銀製品的製程擁有參與感，是「安爵銀飾工房」期望帶給客戶的體驗與驚喜，也是與其他銀飾品牌最大不同之處。

1. 士林門市外觀　2. 士林門市內部　3. 姓名項鍊　4. 2020台北造起來成果發表會-黃珊珊副市長頒獎合影　5.2020台北造起來-黃珊珊副市長頒獎合影
6. 2022 臺北風味市集　7. 2022台北風味市集-創辦人合影

親身投入、學習產業與流程

品牌剛創立時，團隊只有大為和Mandy兩人，資金、金流是初期最大阻礙，每一毛錢都必須花在刀口上、錙銖必較，能省則省，直到撐過前期的客戶經營、訂單漸漸穩定，公司才算正式存活、能放心往下一目標發展。漸漸將服務重心專注在客製化訂製後，人力問題是另一大阻礙，品質優良的訂製技術，仰賴與師傅的默契與互相配合，然而，擁有專業技藝的人員不好找尋，再來是大為與Mandy兩人皆不是本科系出身，常常在與師傅的溝通上「話不投機」，甚至被師傅認為是「門外漢」，為了能更了解產業結構與產品性質，大為、Mandy投入學習金工，自己學拋光、打磨，研究技術，為的就是更了解製程，才懂得如何管理、辨別專業，才能與師傅、廠商溝通悵然無阻，合作更有效率，現在，「安爵銀飾工房」擁有自身旗下的御用銀飾技師，並設有實習職位，提供課程與經驗分享，讓有志想從事金工產業的學生，有實際接觸市場的機會，也同時為品牌培育專業人才，確保成品優良品質。

態度對了，成功就不遠了

對於「安爵銀飾工房」的未來展望，大為和Mandy表示將繼續以網路與實體門市為主要服務渠道，並往擴大客製廣度和服務項目為努力方向，期望滿足客人更天馬行空、無邊無際的設計想像。而對於也想自創品牌、成為創業主的人，大為和Mandy分享「態度對了，成功就不遠了」，許多人想要「創業」卻未曾真正付諸「行動」，與其空想，不如起身而行、給予自己一個嘗試的機會，即使失敗了，失敗的經驗也是一種回饋。一開始只有兩人的團隊，就算過去未曾有相關經驗、資金吃緊、人力短缺，憑著「信念」、「態度」，走過嘗試的陣痛期，直到找出品牌與市場最契合的定位、在產業發光發熱，成為同行難以複製的「高品質客製」品牌-「安爵銀飾工房」。

Argent安爵銀飾工房 | 商業分享

重要合作

- 知名鞋廠
- 科技公司
- 藝人團體
- 電影劇組
- 學校團體
- 軍事單位
- 政府機關
- 電競博弈
- 運動賽事……等
- 尾牙禮品
- 團體禮贈品、紀念小物。

關鍵服務

- 客製化訂製服務
- 飾品維修再造
- 商品開發

價值主張

- 「每個客戶都可以是產品是設計師」您提供想像、設計，安爵銀飾皆能為你創造。

顧客關係

- B2B
- B2C
- 異業合作

客戶群體

- 任何有飾品購買、訂製需求、飾品維修之客戶。
- 團體大量訂製禮贈品、紀念小物

核心資源

- 自有開發生產線
- 整合國內外產線

渠道通路

- 實體門市
- 官方網站
- 媒體報導
- Line@

成本結構

- 營運成本
- 人事成本

收益來源

顧客收益

產品販售收益

Tip：態度對了，成功就不遠了。

Tip：每位客戶都可以是產品設計師。

創業 Q&A

1.生產與作業管理-如何精準的執行在目標上?

直接接觸消費者，以瞭解其痛點需求，再分析市場趨勢， 整合手中現有資源，發揮各自專長來執行以完成目標。

2.行銷管理-公司目前如何行銷自家產品或服務?如果還沒開始，有什麼行銷計畫?

將各種訂製和維修的案例，製作過程拍成照片、影片， 藉此讓人瞭解商品及服務，增加消費者信任及解除疑慮。

3.人力資源管理-合作對象的選擇和注意點?

選擇合作的工廠及技師，則必須是可有效溝通、可配合交期， 再依照各自專長做安排整合和備用，以擴大外部團隊。

4.研究發展管理-如何讓市場瞭解你們?

提供市場的缺口，解決消費者的痛點，藉由消費者的口碑宣傳，擴大市場。例如藉由銀飾品維修服務，來讓消費者瞭解其他商品和訂製。

5.財務管理-目前該服務的獲利模式爲何?

除了解決消費者的痛點，也讓其更瞭解製作程序，成爲一個專業的買家， 也會因此對我們的商品和服務更信任而購買和推薦。

赤軍寶飾

蔡孟純 Joe
營運經理

首創銀飾「舊換新」，賦予銀飾新生命-赤軍寶飾

「赤軍寶飾」至今已走過二十八年光陰，從最初1995年創立，歷經品牌轉型、同業競爭到現今擁有自身的設計團隊、金工部門，提供客戶台灣「原創性」飾品選擇，樣式獨一無二、不易撞款，更提供「修繕服務」，延續有紀念意義飾品之壽命，繼續陪伴客戶。「赤軍寶飾」另一特色是「舊換新」服務，過去在赤軍購買的產品，如果客戶想汰舊換新，只要將產品帶來門市，即能兌換同等價值購物金，折抵在購買的新產品上，而赤軍將回收後的銀製品重新塑造成工藝品參賽，為客戶的「銀飾孤兒」提供重生機會、成為工藝藝術品，具環保意識之服務，大受客戶好評，也成為「赤軍寶飾」與同行最不同之特點。

赤子之心、軍式管理

「赤軍寶飾」經理-蔡孟純 Joe，說明品牌創立於1995年，起心動念是因為創辦人喜愛飾品，所以投入飾品市場專研。二十年前的飾品市場，消費者對飾品的意象傾向「保平安」用途，非像現今飾品為「裝飾」功能，創辦人觀察到市場需求、缺口，創立「赤軍寶飾」品牌，以「赤子之心」之熱忱服務客戶，以「紀律」、「統一化」管理團隊，確保人員素質，以提供客戶專業水準服務。

轉型經營、原創服務

「赤軍寶飾」創業初期與國外貨源廠商合作，有鑒於如此的合作模式較易被複製、產品也難以有彈性變化、選擇較少，為了滿足客戶更多客製化需求，團隊捨棄直接與工廠拿貨的經營模式，轉型建立自己的設計團隊、金工部門，從設計草稿、3D建模到開發產品皆由團隊一條龍包辦，堅持「台灣原創」，客戶不用擔心精挑細選後，卻購買到有「撞款」風險的飾品。「赤軍寶飾」與多數網路創立飾品品牌不同，設有實體門市，讓客戶可以親臨門市選購，如有任何疑問、維修問題，在門市都能即時得到回覆與處理，服務上更貼心，購買上也更令人安心。Joe秉持著努力不懈的精神，堅持不放棄，挺過初期的陣痛期，客人紛紛前來，到現在Joe已著手籌劃開立第三間分店。

貫徹始終，直到夢想達成

除了擁有自身的設計團隊、實體門市，蔡經理表示，「赤軍寶飾」的最大特色是提供維修及「舊換新」回收服務，過去大多銀飾品牌沒有提供修繕，原因是與客戶溝通過程較易有爭議，服務的利潤也不高，是吃力不討好的服務，然而，「赤軍寶飾」在與客戶應對過程，發現

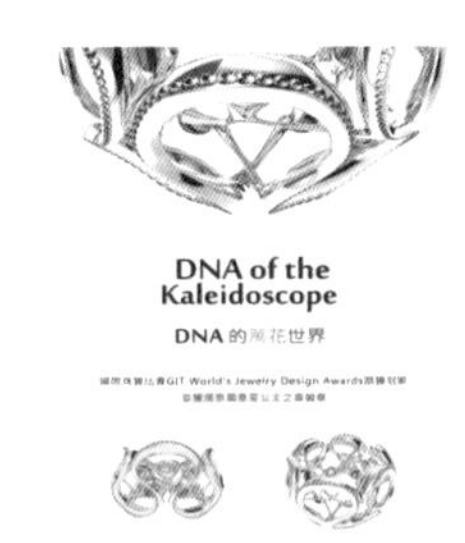

許多飾品對於客人不只是裝飾品，而是具有紀念含義，所以客人寧願選擇「維修」也不願輕易選購替代。「赤軍寶飾」體認到客戶的這份心情，持續不間斷的提供修繕服務，期望延續飾品對客戶的意義與價值。而「舊換新」回收服務，是「赤軍寶飾」原創服務，只要是在赤軍購買的產品，皆可以憑著購買憑證來門市「舊換新」，以同等價值轉換為購物金，購物金可折抵使用在購買新的飾品、產品，這是「赤軍寶飾」回饋老客戶的福利之一，用不上的飾品也能有去處，不會成為銀飾孤兒。而回收後的產品，赤軍團隊將飾品重新塑造成為「工藝品」，參加國內外工藝品大賽，此舉不但具環保理念也讓赤軍參賽屢屢獲獎、增加曝光度，客戶也因此受惠，將家裡閒置的飾品汰舊換新，也對「赤軍」無微不至的服務印象深刻。

透過「危機」，認識自己、了解市場

「赤軍寶飾」創立初期也曾遭遇許多困難與挫折，許多民眾對於銀飾「氧化」後的處理一知半解，導致民眾在選擇上往往先避開選擇銀製品，為了突破消費者心房，「赤軍寶飾」不斷持續的傳達正確觀念，讓民眾了解透過適當的保養方式，就能恢復原有光澤、長年保存，經過長久時間的觀念建立，才漸漸的拉近消費者與品牌距離，慢慢讓民眾認識、接受銀製品。解決消費者對於銀製品的疑慮後，後續的挑戰是面臨到「不鏽鋼」製品的競爭，不銹鋼材質相較於「銀」，價格便宜、不用保養，許多消費者漸漸轉身擁抱「不鏽鋼」飾品，而「銀製品」的特點在於，「銀」質地較軟，可塑性高，能提供客戶更多造型選擇及客製化服務。雖然「不鏽鋼」的出現看似對品牌是危機，但「赤軍寶飾」透過「危機」更認識自己、了解市場，團隊更加致力於提升設計能力、開發新產品，利用「銀製品」的優勢，結合品牌服務，創造與同業不同之處，持續為客戶帶來經驗設計與原創服務。

赤軍寶飾 | 商業分享

重要合作

- 各大網路平台合作曝光。

關鍵服務

- 不易撞款之銀飾、維修服務、舊換新服務。

價值主張

- 保持「赤子之心」熱忱、「軍式管理」把關團隊品質

顧客關係

- B2C
- 異業合作

客戶群體

- 任何想購買銀飾、有維修服務需求之客戶。

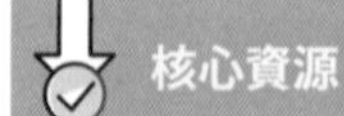

核心資源

- 品牌自身設計、金工團隊。

渠道通路

- 實體空間
- 官方網站
- 媒體報導
- Line@

成本結構

- 營運成本
- 人事成本

收益來源

顧客收益

Tip：透過「危機」認識自己、了解市場

Tip：赤子之心、軍式管理。

創業 Q&A

1.生產與作業管理-主力產品的重點里程碑是什麼？

擁有原創團隊，設計、3D建模蠟雕、開版鑄造，都由赤軍團隊親手製作，讓作品更貼近臺灣消費者的需求，也展現了臺灣的設計能力。

2.行銷管理-公司社群媒體的策略是什麼？

與網路創作者或KOL合作，透過擁有與赤軍目標客群的KOL一起合作，除了加強原客群的品牌印象，也開拓新客源。

3.人力資源管理-合作對象的選擇和注意點?

目前會以跟銀飾相關性質之KOL合作，如樂團、重機、嘻哈，到收藏藝術擺件類之收藏家。

4.研究發展管理-如何讓市場瞭解你們?

定期參加各大展覽(文博會、禮品展等等)及國內外設計比賽，提高曝光度，積極與學校產學合作，提高年輕人對於品牌的認識。

5.財務管理-未來有什麼必須的增資計畫？

增加網路行銷專案的小組，想要合作或是品牌聯名，IP授權販售等等，都是未來的目標。

C-Cubed

雷吉星教育科技有限公司

蔡瑋倫
CEO

C-cubed看準商機 啟航你的元宇宙計畫

蔡瑋倫,C-cubed CEO,隨著區塊鏈技術成熟，各國政策逐步開放及支持，現在正是 Web3 起飛的時候！C-cubed雷吉星教育科技公司看準區塊鏈商機，協助中小企業從原本的商業模式進入區塊鏈，從NFT的WEB3.0社群經營與行銷出發，集結市場需求與凝結共識，啟動全方位的web3商業整合行銷。

NFT領域 勇於創新及活化

蔡瑋倫CEO表示，當初創業其實是誤打誤撞，在創業之前，蔡瑋倫CEO已深耕NFT領域，不斷嘗試創新及活化，連NBA球員、藝人都是其客戶之一，同時越來越多人對區塊鏈感到好奇，也更想嘗試不同的行銷方式，蔡瑋倫CEO因而孵化出創業雛形，協助越來越多客戶對區塊鏈的行銷整合，也提供運動與NFT結合、動漫IP與展覽、人力資源的整合串連，將金流與實體區塊鏈應用等多樣化的服務。而蔡瑋倫CEO觀察到，以往的企業組織類型偏上到下，區塊鏈的企業組織則更為扁平的供通形式，在創業之前，蔡瑋倫CEO接觸過ubereat 、潮牌公司、留學顧問公司、商業房地產等多元類型工作經驗，因此他很清楚自身擅長及喜愛的工作模式，也為創業注入更多新思維。區塊鏈非常強調community，因此創立的C-cubed其理念即是由3個C的同心圓所組成，社群community、貢獻contribution 、共識consensus，期待C-cubed成為Web2.0前進WEB3.0的孵化器幫手。協助2.0產業建設提供顧問諮詢、實際操作、並扮演整合資源的角色，減少探索的時間。

成立將近一年，蔡瑋倫CEO形容創業就如同波浪一般，創業遭遇到困難一波接一波湧來，首先遭遇的即是他認為其創業成員成其最大問題，區塊鏈是一個很新的產業，當工作型態不同傳統產業，建立起完善的SOP即是當務之急。而變動快速的區塊鏈產業，也大大的影響其公司步調，急速的應對。

C-cubed成領頭羊 工作場域國際化

其實NFT 熱度在全球範圍內相當平均，目前亞洲市場也正在快速崛起，提到NFT的指標就不能夠不提到在社群上超夯的NFT項目

1. TEDxNeihu 受邀主講　2. TEDxNeihu 受邀主講　3. TPE blockchain week 官方活動開幕　4. Web3.0 時代人才需求革命策展記者會　5. 樂天棒球場社群活動　6. 籃球友誼賽活動照片

Alpacadabraz（簡稱羊駝），C-cubed未來也會把重點放在虛實整合的內容來規劃，為品牌延伸既有產品特色和用戶體驗。蔡瑋倫CEO表示，C-cubed有百分之八十的成員都是透過網路凝聚共識而來的人才，在NFT的領域裡，像是海賊王裡的冒險旅程，其實無法百分百確定未來的成果，最重要的是冒險過程。他形容C-cubed是很瘋狂的，不囿於傳統，不限於數據，卻總是創造超乎想像的奇蹟。他形容WEB1.0為單向訊息傳遞，WEB2.0則類似IG、臉書等社群媒體，WEB3.0則是一種更為扁平的溝通模式，既是使用者也是開發者，未來90%的產業都將走向WEB3.0模式，對粉絲的黏著度更強。C-cubed擁有其開發團隊及可靠的合作夥伴，線上及線下行銷皆有涉獵，更期待提供客戶可靠且具創意的體驗感受，除傳統陌生開發、showcase、參展，近期更積極與國外開發團隊策略聯盟，宣傳品牌知名度與高度。

而從客戶的熱烈迴響與介紹新戶中，蔡瑋倫CEO及其工作團隊得到滿滿的成就感。中期規劃也即將在舉辦如大逃殺的NFT核心企劃，從中了解區塊鏈技術及關卡，更將結合日本知名藝術家舉辦虛擬藝術，長期更期待公司可以擴大規模巡迴世界，打破世界隔閡，把工作場域擴大國際化。

掌握市場痛點 創業永不言敗

而蔡瑋倫CEO認為創業需要掌握市場痛點，精準觀察並掌握市場需求，了解它並解決它。具備樂觀及永不言敗的精神，遭遇挫折總會找到出路，找到對的人來創造公司的SOP，每個人皆是公司的夥伴，成為其創業成功的不變法則。

C-Cubed雷吉星教育科技有限公司 | 商業分享

重要合作

- Web2.0中小企業

關鍵服務

- 整合行銷策略
- 工程技術服務
- web3社群經營
- web3商業顧問

價值主張

- 打造3.0生態產業鏈，並推廣2.0企業與相關服務透過區塊鏈技術進行資源整合!並讓虛實整合與各式各樣的領域都能因爲區塊鏈技術提供更好的服務與效率。

顧客關係

- 轉換2.0產業至3.0賽道領域加速器，前進虛實整合的最後一哩路

客戶群體

- Web2.0中小企業

核心資源

- 從NFT產品定位、白皮書到行銷策略，全方位規劃。

渠道通路

- 舊客介紹
- showcase
- 參展
- 跨國合作

成本結構

- 營運成本
- 人事成本

收益來源

顧問諮詢
工程技術服務費用
整合行銷規劃

Tips:創業即是在市場掌握痛點，解決它。
Tips:創業要具備打不死的精神，衝就對了。

創業 Q&A

NEXT TAIWAN STARTUP
我創業，
獨角
UNIKORN
C-Cubed
雷吉星教育科技有限公司
SCAN ME
• LIVE
官網: https://c-cubed.co/
add: 臺北市松山區復興北路201號4樓之2

希塔日常

Julia
希塔療癒講師

源自美國的希塔療癒，運用希塔腦波科學，深入潛意識重新設定，開啟潛藏在人們身上的顯化能力，而希塔日常Julia老師，就透過希塔療癒課程，豐富自己生命歷程，也分享給他人，讓生活過得更加美好。

十多年前，Julia老師從閱讀自學開始踏入身心靈學習，也在四年前遇到人生低潮，進而接觸希塔療癒。深入了解後，此系統教學運用專注冥想，以科學入門的方式，引導至希塔腦波，連接宇宙源頭最純然愛的能量來深入潛意識，清理各種負面信念與情緒，轉念就在一瞬間，幫助人們創造身心健康、財富豐盛、圓滿關係、心靈平靜等各種美好生活狀態。

而成為療癒講師的契機，其實是從來沒有想過的人生轉折。原本在軟體科技業工作的Julia老師並沒有轉職的念頭，但在接受越來越多的師資課程訓練，取得專業講師證照後，在開課傳授的過程中，不斷獲得好評，支持她走向療癒講師之路。而在累積口碑之後，她開始思考持續擔任講師的可能性，原先擔心沒有這個行業的經歷，會無前例可循，後來竟摸索出一套創業之路，開設公益課程、讀書會提供體驗，建立身心靈課程模式，引導學員去了解及排解情緒。

但Julia老師坦言，在從事身心靈療癒講師部分，也曾懷疑自己提供的課程是否為學員所需要？是否為對的方向？更曾有學員回饋在跟著課程冥想過後，並沒有馬上解決生活問題。Julia便開始整合過去大量閱讀、學習各派別的經驗，鼓勵學員合過去大量閱讀、學習各派別的經驗，鼓勵學員多研究多了解各種工具，將希塔視為療癒冥想的入門工具，並從中找尋對自己最有效的方法。

Julia老師教授的多數都是初入門心靈學習的學員，她不談如何找到正確答案，而是引導大家思考改變，深度認識自己與認識世界，在過程享受探索，並以邏輯思考有條有理的形式，來教授學員。學員中，有工程師、醫療人員等等職業，像是對醫療人員來說，每日工作面對生死壓力更大，從希塔課程中，學習另一面向的身心靈觀點，進而去幫助別人。更有學員曾經只上一堂課，但卻常與Julia分享如何將課程觀念分享給周遭的朋友，更符合希塔精神——宇

1. 課程照片1　2. 課程照片2　3. 課程照片3　4. 2課程照片4　5.獲得希塔系統最高科學認證　6.美國總部進修與創辦人合照

宙的能量每個人都能得到，如何去告訴別人他們也能創造自己想要的生活。

從事療癒工作幾年，學員與個案多次回饋此學習帶來的正向改變，也帶給別人正能量。因為Julia老師自身也曾陷入充滿負能量、自我懷疑與批判的人生低潮，隨著不斷學習，找尋生命的答案，看到自己的巨大改變；而在教學與個案的經歷中，幾乎是天天看到不同背景的人、在人生中開始找到內在正面的力量，常常聽到學員分享奇蹟，這就是這份工作帶來的成就感。曾有學員分享：從前就是希塔公益課程的忠實粉絲，用思考與能量改變目前的困境，慢慢轉念正向，讓生活變得更好。更有已成為療癒師的學員，Julia也非常樂見良善的信念一直傳遞下去。

近期的規劃，除了繼續開設希塔療癒認證課程，更希望多多舉辦線上公益課程。由於自身有許多機會接觸歐美不同體系的能量學習，Julia老師致力將不同學派的內容整合，透過公益課程的推廣，讓更多人有學習管道，深度感受到知識帶來的力量。期望以舉辦公益課程的方式，讓大家能正確的認識身心靈課程與工具，進而挑選最適合自己的學習。

Julia老師建議想創業的人都可以勇敢嘗試，從嘗試中探索真正適合自己、同時也能保持熱忱的目標。如果想成為身心靈從業人員，也建議先實驗運用自身所學，讓自己在生活各個面向先變得更好，在分享過程中會更有力道。更建議可以妥善的運用行銷工具，相信自己正在做的事，也許也會成為別人低潮時的一盞明燈。成為療癒師就需要練習、累積自己的個案經歷，不需要過度設限，不管是斜槓兼職或專職經營，都可以不斷累積自己的人生經驗、豐富生命深度。

(註：內容所提到「療癒」一詞與醫療無關。若需協助，請先尋求專業醫療人員。)

希塔日常 | 商業分享

重要合作

- 療癒師培訓
- 希塔課程
- 公益課程

關鍵服務

- 療癒師培訓
- 希塔課程
- 水晶課程

價值主張

- 打開你的內在力量，把生活過成想要的樣子。

顧客關係

- 個案與學員

客戶群體

- 對於身心靈與自我探索有興趣的人群

核心資源

- 希塔療癒課程

渠道通路

- 公益課程
- 學員分享
- 行銷推廣

成本結構

- 人事成本
- 營運成本
- 租借場地費用

收益來源

課程費用

Tips:勇敢嘗試，探索中找出自己真正有熱情的事物。

Tips:分享給別人，讓每個人知道可以開啟自己巨大的內在力量，是很棒的事

創業 Q&A

1.行銷管理-公司社群媒體的策略是什麼？

在社群媒體上增加與粉絲、參與者互動，搭配不同的深度認識自我、認識情緒的文案，保持一定數量的新貼文與影片。

2.研究發展管理-如何讓市場瞭解你們?

在社群媒體提供能量學習知識內容，分享個案與學員的心得。並且以舉辦活動、公益課程、讀書會，吸引更多有興趣的人群來認識希塔療癒。

凱宜牙體技術所

林鉦凱
營運經理

露齒歡笑、不再是負擔-凱宜牙體技術所

林鉦凱-小凱，非牙體相關科系的小凱，在親戚的介紹下進入牙體產業，學徒期間，與恩師學習「BPS活動假牙系統」受到啟發，發現BPS系統不高是在「美學表現」、「功能性」都優於傳統假牙，更受到日本牙體大師「岩城謙二」影響，致力打造「精緻」、「美觀」兼具「性能」的「牙體藝術品」。創立「凱宜牙體技所」將畢生所學運用至服務、提供患者優質的牙體照護。

從根基學起，堅持至創立品牌

「凱宜牙體技術所」創辦人-小凱，過去曾經是籃球校隊的小凱，嘗試發展不同產業、學習一技之長，那時候親戚正好在牙體技術所工作，經由介紹，小凱順利進入牙體產業，從學徒開始學起。具備專業知識、熟悉產業以後，小凱漸漸意識到工作的內容與報酬不成正比，唯有「創業」才能真正掌握自己的事業藍圖，於是，「凱宜牙體技術所」開張了。

活動假牙中的「頂級義齒」

「凱宜牙體技術所」提供的核心服務是「BPS全口活動假牙」，有別傳統活動假牙遇熱容易收縮、變形損傷，隨著時間漸漸無法與牙床貼而鬆脫，BPS系統使用品質更佳的樹脂，使用上不易磨損，也能更貼合牙床，提升病患穿戴假牙的舒適性及便利性。除了功能盡力滿足病患需求，「凱宜」在牙體的「美學表現」上也相當講究，小凱表示，「凱宜」是以「藝術品」之規格看待每一件作品，打造活動假牙中的頂級義齒，帶給客戶美觀、實用的精緻體驗。

迎接挑戰、不輕言放棄

小凱分享，牙體技術所主要的目標族群是牙醫，創業初期最為挑戰、困難的事情，是陌生拜訪醫師、開發客群，只能利用牙醫師瑣碎的休息時間，匆忙的遞上名片及報價單，接著靜待結果。然而，拜訪了上百位醫師，卻只有零星數量的客戶詢問，即使如此，小凱仍然鍥而不捨的確實拜訪，並嘗試不同方法開發客群。經歷一番波折，終於找到對的窗口、人脈，經由轉介紹，「凱宜牙體技術所」開始有客戶上門，客戶使用後也逐漸肯定「凱宜」的品質與服務，「凱宜牙體技術所」客群也逐漸穩定、漸

「專精」在值得「專精」的領域

一直以來，致力提供優質服務的「凱宜」，短期目標是更精進人員專業技術，中期則是計劃將活動假牙數位化製程導入技所，使用金屬3D列印技術、自動化拋光，提升服務品質、便利性，也更為美觀。長期則是建立資料庫，收集臨床數據以分析國內患者牙齒狀況。小凱也分享創業心得，想成為牙技師、投入牙體產業，要不怕辛苦，在創業初期沒有「生活品質」是很正常的，只有全心全意的專精在「值得的事」，一切努力終將開花結果、苦盡甘來。

凱宜牙體技術所 | 商業分享

重要合作

- 醫療院所

關鍵服務

- BPS活動假牙
- 3D金屬列印製程

價值主張

- 活動假牙除了需具備功能性，同時提供患者舒適性及便利，並兼具美觀。

顧客關係

- B2B
- B2C
- 異業合作

客戶群體

- 任何有穿戴活動式假牙需求。

核心資源

- 持續的進修資源與硬體設備

渠道通路

- 實體空間
- 官方網站
- 媒體報導
- Line@

成本結構

- 人事成本
- 營運成本

收益來源

販售收益

Tip：「專精」在值得「專精」的領域。

Tip：一切努力終將開花結果、苦盡甘來。

創業 Q&A

NEXT TAIWAN STARTUP
我創業，獨角
UNIKORN
凱宜牙體技術所
SCAN ME
LIVE
tel: 02-22751688
fb: https://m.facebook.com/Kaiyi.D.T/
add: 新北市板橋區新生街74號

J9S HairSalon

楊國喬Joe
創辦人

持之以恆、爲事業藍圖付諸行動 -J9S Hair Salon

楊國喬Joe，從小就愛打扮、喜歡「美感」事物的Joe，四歲就許下願望要成為美髮設計師。初期踏入美髮業時，因非本科系，學習一切從零開始，也比他人花上更多的時間熟悉、練習，「早出晚歸」是家常便飯。技術成熟後，Joe決定創立品牌，開立「J9S Hair Salon」，創業過程即使艱辛，Joe仍然堅持、不放棄，因為美髮產業，是Joe從小確立、一生熱愛的夢想志業。

美感渾然天成，從小確立畢生志業

「J9S Hair Salon」創辦人-楊國喬Joe，從小就愛漂亮、喜歡打扮，對任何有關「美」的事物很感興趣，從畫畫、跳舞、手作…等，Joe在小時候就多方嘗試。非美髮科系出身的Joe，一次路過美髮沙龍店家，隔天上前投了履歷，就此開啟了Joe長達20年的美髮之路。為了能實現自己的經營理念，Joe離開前東家後，創立「J9S Hair Salon」。

「家」的氛圍、「愛」的服務

「J9S Hair Salon」期望帶給顧客賓至如歸、有如回到「家」一樣的氛圍，來到這裡除了讓外在「煥然一新」，也能享受像在家一樣的自在，從主動備傘、口罩等等的小細節，顯現出Joe對客戶發自內心的貼心與愛護。Joe強調「J9S Hair Salon」提供的，是「愛的服務」，愛護客戶、真誠的理解客戶的需求，並給予貼近個人的建議，而不是將流行元素強加在顧客身上。Joe形容跟顧客的關係早已像朋友、家人，自在相處、真誠對待。

貫徹始終，直到夢想達成

至今擁有兩家沙龍、打扮總是光鮮亮麗的Joe，說起初期踏入美髮業的艱辛與挫折。不是就讀美髮科系的Joe，因為動作慢、不熟悉，遭受店裡同儕的排擠，這反而使Joe更加努力，沒有經驗更要加倍勤奮練習，每天提前到公司、主動加班至深夜，雙手常常也因為頻繁使用洗劑而龜裂，但Joe仍然甘之如飴，因為，這些辛勞都是為了能實現夢想。

堅持不懈直到自行創業的Joe，創業之路並沒有就此順遂，不斷受到前東家及廠商的阻撓，開業前期業績更是門可羅雀、沒有顧客上門。

Joe秉持著努力不懈的精神，堅持不放棄，挺過初期的陣痛期，客人紛紛前來，到現在Joe已著手籌劃開立第三間分店。

堅持自己想要的，想要就要有行動

說到「J9S Hair Salon」的未來規劃，短期內Joe期望將品牌拓展至五家分店，並帶領團隊繼續進修，長期則是希望髮廊能以「複合式」方式經營，一樓是髮廊，二樓是寵物咖啡廳，實現Joe另一個事業夢想藍圖。

Joe從事美髮產業已二十年，支撐他渡過無數艱困的日子，來自客人的肯定，客戶的讚賞是Joe的動力來源之一，另一動力則是來自自己的信念，遇到挫折，Joe總是勉勵自己：這是自己喜歡的畢生志業。Joe建議也想投入創業

說到「J9S Hair Salon」的未來規劃，短期內Joe期望將品牌拓展至五家分店，並帶領團隊繼續進修，長期則是希望髮廊能以「複合式」方式經營，一樓是髮廊，二樓是寵物咖啡廳，實現Joe另一個事業夢想藍圖。

Joe從事美髮產業已二十年，支撐他渡過無數艱困的日子，來自客人的肯定，客戶的讚賞是Joe的動力來源之一，另一動力則是來自自己的信念，遇到挫折，Joe總是勉勵自己：這是自己喜歡的畢生志業。Joe建議也想投入創業

的人-「堅持自己想要的，想要就要有行動。」從未有職業倦怠的Joe，持之以恆的為「想要的」付諸行動，成功達成從小以來的美髮夢。

J9S HairSalon｜商業分享

重要合作

- 網路平台
- 實體通路

關鍵服務

- 美髮設計
- 沙龍服務

價值主張

- 像回到家一樣的自在、有如「愛」一般的細心呵護。

顧客關係

- B2B
- B2C
- 異業合作

客戶群體

- 任何有髮型設計需求之客戶。

核心資源

- 過去從業經驗、持續的專業進修

渠道通路

- 實體空間
- 官方網站
- 媒體報導
- Line@

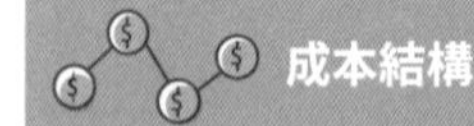

成本結構

- 營運成本
- 人事成本

收益來源

顧客收益
產品販售收益

Tip：「家」一樣的氛圍、有如「愛」的服務。

Tip：堅持自己想要的，想要就要有行動。

創業 Q&A

1.生產與作業管理-如何精準的執行在目標上?

在每一次活動前與公司幹部擬定公司主推的商品，制定活動前的規劃計畫和目標，並且安排時間練習讓每一位設計師都能夠清楚了解主打商品的特性和價值。並在活動期間落實檢視和回饋，針對問題即時調整，做最有效的控管。

2.行銷管理-公司社群媒體的策略是什麼?

目前使用社群媒體的策略主要是針對學生族群的開發，讓他們都可以更方便性、快速的了解J9S的品牌特性和價值。

3.人力資源管理-未來一年內，對團隊的規模有何計畫?

未來的一年內公司預計期待可以跨區域展店，期待更多的顧客可以認識更認識J9S Hair Salon，並且讓公司的團隊更有發展性。

4.研究發展管理-如何讓市場瞭解你們?

持續地強化公司的團隊專業和技術，透過社群媒體有效推廣，並且不斷地與品牌合作廠商合作，強化公司的產品。

5.財務管理-成長增速可能會遇到哪些阻礙?

目前公司的發展遇到的問題就是內部缺人，唯有不斷地教育訓練，以員工為出發點制度個人的教育訓練計畫，才能夠御用人才。

沐心事業工作室

童沛慈
創辦人

療癒心靈，使身心茁壯、面對人生-沐心事業工作室

童沛慈為「沐心事業工作室」創辦人，也是「水晶翻譯官：蕾思禮夫人」。歷經親人相繼過世的悲慟，導致心靈失衡的沛慈，透過學習多項療癒系統協助自己，與悲傷和解，以正面態度翻轉人生。在意識轉化的過程中，覺察自我潛能。聚焦於自己的洞悉天賦用在協助他人，以尊重與陪伴的核心理念，創辦「沐心事業工作室」帶領困在情緒迷途的個案解決人生課題，期望用療癒法清理心底的塵埃。

見習傷痛、結束愛的課題，投入產業協助他人

過去就接觸過身心靈課程的沛慈，從未想過走入療癒圈創業。2017年首次歷經公公癌末從臨終至入塔的人生畢業典禮，對心靈造成極大衝擊，透過水晶能量、澳洲花晶治癒傷痛，挺過悲傷。後來爺爺奶奶相繼過世，沛慈說到，或許冥冥之中已注定好，過去公公過世的經驗，讓沛慈提前見習失去親人的痛，用各項療癒法撫慰破碎的心，也意識到「療癒」，除了幫助自己，也能協助他人，身邊朋友的回饋，讓沛慈確立專職投入身心靈產業，化身為「水晶翻譯官：蕾思禮夫人」，創立「沐心事業工作室」。提供水晶礦石能量解讀、塔羅占卜諮詢等服務，協助個案釐清課題、解決困擾。

不帶批判、尊重每個人的課題

走出情緒傷痛、從愛的課題畢業的沛慈，意識到一個人的「狀態」往往反應出個人現階段的「議題」。過去未解決的課題，影響著沛慈的「身」與「心靈」，直到接觸各項療癒法，才幫助自己走過情緒陰霾，恢復身心靈平衡狀態。所以希望透過「沐心事業」協助個案釐清人生課題、發現問題的本質，進而擁有正面態度面對人生，有如過去療癒法，是如何陪伴、幫助自己。「沐心事業」的核心理念是尊重、陪伴個案，沛慈也強調身為療癒師，在諮詢過程中需扮演中立的角色，不帶批判、不帶任何色彩的看待個案的課題，給予全然安全的環境，讓客戶能在「沐心事業工作室」放心敞開心房、面對及解決問題。

1.塔羅牌結合水晶療癒服務 2.首屆水晶能量解讀療癒師授證典禮 3.分類客戶帶來的水晶礦石 4.水晶翻譯官品牌獨家設計水晶手鍊作品 5.蕾思禮夫人諮詢服務示意圖

精進自己、持續進修，破除「污名化」標籤

身心靈領域相關從業人員，一直以來遭遇的困難與挑戰，是來自各方的質疑與污名化，水晶礦石訊息解讀、花晶調理、能量輔助商品，皆與個人主觀感受有關。多數的批評，皆是來自不了解身心靈產業、沒有接觸過療癒的人，隨口一句的批評就否定療癒師過去的努力與資歷，沛慈認為這對療癒師是不公允的評價，也意識到療癒產業所面對的問題。而沛慈並沒有因此而氣餒、放棄，在開業前更加勤奮練習，扎實的打穩基本功，為的是提供個案專業的服務，破除民眾對療癒師的迷思。沛慈也給予消費者建議，在選購能量輔助商品、挑選身心靈工作室時，了解販售的意圖及認識療癒師的本質，可以幫助消費者過濾掉不適合的資訊及產品，也能減少接觸到不肖療癒師的機會。

「自身服務」延伸至「產業貢獻」

全球受肺炎疫情影響，人心惶惶，開啟人們向「內」尋求安定、平靜的需求，增進了人們對於冥想、身心靈療癒的需要，也吸引更多對療癒法有興趣的人投入身心靈產業。然而，現今產業氛圍並沒有明確的準則及規範，療癒服務的品質沒有保障，如此更無助於釐清社會對療癒師的污名化現象，因對身心靈療育產業的熱誠及遠見，沛慈發起創立「社團法人身心靈能量顧問協會」，建立通則，有系統的將合格療癒師建檔，整合全台療癒師資源，讓個案在選擇上有保障。未來也規劃與不同產業診療師合作、開立講座，並開設課程分享從業經驗，提供療癒師進修服務，並協助入行的新人，學習行銷及品牌定位。幫助療癒師進修，不只是為產業生態品質把關，也幫助個案選擇值得信任、專業的療癒師，為產業生態打造雙贏局面。而對於想要在療癒產業創業的人，沛慈表示，療癒師的每一句話，給出的每一個建議都是有責任的，正式接案以前，需全然地瞭解產業狀態，並熟習療癒系統，穩紮穩打的完成一定的個案練習數量，累積實務經驗，即是對自己、對產業、對個案最好的「三贏局面」。

沐心事業工作室 | 商業分享

重要合作

- 網路平台
- 實體通路

關鍵服務

- 水晶礦石訊息解讀
- 塔羅占卜運勢諮詢
- 能量輔助商品
- 教授水晶相關創業課程

價值主張

- 尊重個案，不帶批判，讓客戶能安心分享人生議題。

顧客關係

- B2B
- B2C
- 異業合作

客戶群體

- 任何想尋求身心靈平衡之族群。

核心資源

- 習慣性由個案角度去溝通
- 養成每日自我覺察、優化習慣
- 持續不斷專業進修、整合所學

渠道通路

- 實體空間
- 官方網站
- 媒體報導
- Line@

成本結構

- 營運成本
- 人事成本
- 材料成本
- 進修成本

收益來源

開課收益

諮詢收益

產品販售收益

Tip：一個人的「狀態」往往反應出個人現階段的「議題」。

Tip：一句話可以好好說，以正面態度迎接人生。

創業 Q&A

NEXT TAIWAN STARTUP
我創業，
獨角
UNIKORN
沐心事業工作室
SCAN ME
•LIVE
tel: 0983874750
官網: https://www.madamelesley.com
add: 台南市東區中華東路三段336巷43弄6號

喬媽灶咖

王蓓蕾
創辦人

探索世界，從吃開始-喬媽灶咖

「喬媽灶咖」創辦人-喬媽，擁有兩個孩子的喬媽，為了孩子健康親自下廚，2018年開始包水餃、接單，食材健康、美味，讓每一位吃過的客人口耳相傳，喬媽也觀察到許多媽媽工作忙碌，煮飯備料讓媽媽們很是困擾，於是創立「喬媽灶咖」，開發饅頭、水餃、即食包…等多樣產品，加熱即可食用，專為一到六歲孩童設計，大小更好抓握、入口，健康又美味，再挑食的小孩，都能「無痛轉食」。「喬媽灶咖」起於守護孩子健康的初心、體恤媽媽們的辛勞，從最初獨自一人經營，到現在擁有團隊支援，受過知名媒體報導，粉絲專頁突破一萬五千人。

體恤媽媽辛勞、輕鬆備餐

全職、擁有兩個孩子的喬媽，在2018年開始接單包水餃，食材新鮮、不添加酒料、適合小朋友入口的大小大受好評、口耳相傳，也是這次的經驗接觸到許多媽媽，發現許多媽媽為了家人健康，想要親自下廚，但因為工作忙碌，備料是一大困擾，身為媽媽的喬媽感同身受，於是著手研發製作饅頭、即食包…等產品，創立「喬媽灶咖」主打為忙碌的媽媽們省下備料的寶貴時間，更重要的是，每樣產品皆純手工製作，不含防腐劑、無添加色素、味精，媽媽備餐更輕鬆，孩子也吃得健康。

一份餐，承載健康美味與關愛

「喬媽灶咖」每樣產品皆手工製作，不添加防腐劑、色素、味精，主打專為孩子設計、兼顧營養的美味主餐，同時為忙碌的媽媽們，省下備餐時間，美味主餐輕鬆上桌。「喬媽灶咖」的超人氣「彩色系列」，色彩繽紛的水餃、麵條、蝴蝶麵，不僅在視覺上刺激孩子的感官，讓孩子認識顏色、引起食慾，適合孩子入口的大小訓練抓握與咀嚼能力，所有色彩皆由新鮮蔬果製作、顏色來自食材本身，例如橘色來自新鮮胡蘿蔔、黑色取自養生黑炭、藍色源自夢幻蝶豆花…，十二種色彩滿足孩子的視覺慾望，更願意自主性吃飯。

「喬媽灶咖」從最初創立五、六樣產品，到現在開發將近四、五十種的多樣選擇，人力也從獨自作業，到現在增加人手至一個團隊。「喬媽灶咖」在產品上力求健康美味，另一核心價值是幫助忙碌的媽媽們，省下寶貴時間，輕鬆幫寶貝準備美味一餐，在團隊管理上，喬媽也是特別照顧媽媽族群，體認到許多媽媽二度就業不易，團隊盡量聘請需要工作的媽媽，協助

媽媽兼職，提供彈性時段，讓媽媽們能配合孩子上下課接送時間，同時也增加一份收入。「喬媽灶咖」源自對家人的健康的重視，也體恤身為「媽媽」角色的辛勞，一份餐，涵蓋喬媽對孩子、對家長的用心。

「對」的事，就值得努力、堅持不懈

品牌創立前期，「喬媽灶咖」是一人工作室，產品開發、手工製作、行銷策略皆由喬媽一人包辦，尤其是資金問題，對於身為家庭主婦的喬媽是一大阻礙，沒有多餘的資金上課、學習，所有事務喬媽需靠自己摸索，前期在開發「饅頭系列」產品時，喬媽靠著自學、網路資源，一點一滴、腳踏實地試驗、修正，喬媽笑著回憶：「那時候丟了不少的麵團，只為研發出自己滿意、家人也愛吃的食物」花了大量的時間與心力研究，喬媽的饅頭讓孩子讚不絕口，孩子的回饋是喬媽前進的動力，喬媽也一直保持這樣用心的態度開發每一樣產品，將美味與健康，分享給更多孩子、更多家庭。

喬媽身為全職媽媽，同時兼顧創業身分，路途辛苦也備受壓力，然而每每看到孩子吃到喬媽的好手藝，心滿意足、飽餐一頓的神情，喬媽心裡也是滿滿的成就感，孩子喜歡，一切都值得！一次印象深刻的是收到一位媽媽的回饋：「還好有你！」這位媽媽的孩子生病因而胃口不好，好不容易有一樣東西孩子願意入口，就是「喬媽灶咖」的系列食品。看見媽媽們回傳分享孩子「完食」滿足的笑容，每一分回饋對喬媽都是繼續堅持下去的動力，喬媽知道，每一項產品，守護的是孩子的健康、媽媽的關愛，「對」的事，就值得努力、堅持不懈。

了解法規、善用資源與工具

數突破一萬五千人，並受創業名人堂專訪及知名新聞台報導，對於未來目標，喬媽期望將品牌定位做的更加完整，提高市場認同度及品牌能見度，讓更多人認識「喬媽灶咖」，並且理解喬媽灶咖的核心價值。而喬媽也分享創業建議，食品業創業需特別注意法規規範，創業前需清楚了解，以免誤觸法規，導致辛苦製作的成品無法販售，再來是行銷策略，最初「喬媽灶咖」從口耳相傳到經營網路社團、粉絲專頁，才大量曝光、累積知名度，身處在「網路世代」，懂得運用、經營，對於個人工作室將是一大助力。「喬媽灶咖」從最初研發水餃系列，到至今五花八門、各式各樣食品皆大受好評，「喬媽灶咖」幫助讓媽媽們，輕鬆守護孩子的健康、滿足孩子的味蕾。

喬媽灶咖｜商業分享

- 與知名部落客合作
- 媒體報導

- 專爲一到六歲兒童設計，無額外添加防腐劑、色素的健康美味即時包。

- 體恤媽媽爲兼顧工作同時照顧孩子健康的辛勞，推出健康美味即時包，兼顧口味同時爲孩子健康把關。

- B2C

- 任何有即時烹煮需求之家庭客群。

- 食材嚴格把關、製程安全放心。

- 官方網站
- 媒體報導
- Line@

- 營運成本
- 人事成本

收益來源

顧客收益

Tip：探索世界，從吃開始。

Tip：對」的事，就值得努力、堅持不懈。

創業 Q&A

1.生產與作業管理-主力產品的重點里程碑是什麼？

從原本只有白色的水餃到彩色水餃再因爲孩子研發迷你彩色小水餃，彩色口味高達12種。

2.行銷管理-從客戶第一次接觸到成交，一段典型的銷售循環是什麼樣子？

目前以各大平台進行品牌曝光，鎖定年齡層及客群讓產品的出現找到適合的位子

3.人力資源管理-團隊有哪些相關領域經驗嗎？

我們的團隊都是媽媽，每一個人都堅守桿位 從食材挑選、備料、製作每一個細節都不馬虎。因爲我們的經營理念就是把大家的孩子當自己家的孩子養！

4.研究發展管理-如何讓市場瞭解你們?

目前寶寶水餃在台灣漸漸越來越多人在販售，如何在衆多店家凸顯自己，我覺得更應該要把品牌做好讓消費者感受到我們對產品的用心

跳潮x滑板 JUMP WAVE

林士嵐
負責人

燃燒運動魂 跳潮x滑板JUMP WAVE

跳潮x滑板JUMP WAVE，最專業室內彈跳床及滑板運動會館，負責人林士嵐因為希望小孩遠離3c，一直希望設計容易上手又極具趣味性的運動，因緣際會下接觸到此項運動，從大陸引進台灣，一開始創業即選在竹北，獲得家長熱烈迴響，一炮而紅。但再回到台中開設會館時，開業半年即遭逢疫情，受到極大損失，為創業最大的低潮期，越挫越勇的他，恰巧受到台中市政府運動局招商，決定將第二間分店選擇在海線沙鹿落腳，結合室內滑板場與跳床，打造海線適合兒童的運動場域。

跳床結合滑板 極具安全與趣味的運動場域

當初選擇在竹北設館時，曾遇職業官司蟑螂，曾有客人不顧教練勸阻執意做危險動作，故意透過官司求償，幸而透過監視畫面得以脫身，去年疫情更因三級警戒，運動產業全面停擺，但通過重重危機後，隨著疫情逐步解封，會館也恢復運作，來運動的兒童臉上洋溢著笑容，成為創辦跳潮x滑板JUMP WAVE最大的成就感來源，也是他持續下去的原動力。跳床運動極易上手，較不講究技巧，隨著教練指示即可開始，但為給孩子持跳床運動極易上手，較不講究技巧，隨著教練指示即可開始，但為給孩子持續下去的熱情，結合需要技巧的滑板運動，帶給孩子不一樣的運動體驗。負責人林士嵐就表示，以他長年經營公司的經驗從餐飲業轉行運動產業，滑板是屬於較街頭且較高難度的運動，首重安全性，安全帽護具缺一不可，才能打造極具安全性又有趣的運動場館。而沙鹿館提供跳床的體適能課程及各階段的滑板課程，透過晉級制度，帶給孩子運動的成就感，未來期待可以培養出小小選手，更有家長苦於海線無適合的運動場地，跳潮x滑板JUMP WAVE專業的運動會館給孩子一個安全適宜的運動空間，也特別表達最深的謝意。竹北館除了提供適宜的運動場地提供包場外，更聘請專業的教練培訓選手參與全國性競賽，奪下不少優異獎項，大學啦啦隊也會到跳潮x滑板JUMP WAVE由專業教練指導，讓運動融入孩子的生活中。從家長的回饋，學員的投入中，林士嵐負責人也收穫滿滿的成就感。

規劃多元課程 從玩中學 開心做自己

在經營過程中，原本是跳床運動門外漢的林士

嵐，從過程中逐步領略運動的優勢及好處，自己身為父母，也很能同理家長不希望孩子沈溺3c誘惑，希望所有孩子都能在運動世界快樂成長，林士嵐分享，運動其實很適合融入生活中，小孩其實一開始並不熱衷，但在運動習慣養成後，竟愛上運動，喜歡運動的人，其心態也會越來越開朗，也適當的紓解壓力。因此短期規劃希望能開設更多元的兒童體適能及肌耐力課程，並因應兒童狀態逐步調整現有課程內容，另外結合跳床與滑板，設計安全且極具挑戰的課程，也希望持續培訓在地人才，以招募足夠的具備運動證照的教練，長期更希望從中訓練出小小選手，未來也許成為奧運國手，為國爭光。

創業做足風險評估 勇敢跨出第一步

創業一路走來並不是順遂的，負責人林士嵐表示，明知創業是一條險路卻勇而行，雖然他的創業之路看似進展順利，但其實過程充滿想像不到的挑戰，除了要注意內部營運狀況、市場動向之外，還要適實做好停損點，從不同的創業經驗中汲取教訓，也建議想創業第一步一定要先做好風險評估，心理素質訓練強大，確定自己能承受失敗的風險，第二步就是要勇敢跨出第一步，從餐飲業轉行運動產業並不容易，先踩出那關鍵一步，機會才會出現，路才會越走越廣。第三步要永遠保持熱忱，盡全力去做，才是創業最重要的關鍵，也希望未來的創業家，勇敢展開創業步伐，朝向夢想前進。

跳潮X滑板 JUMP WAVE｜商業分享

重要合作

- 對滑板及跳床有興趣的兒童.成人

關鍵服務

- 跳床.滑板運動場館
- 專業教練課程

價值主張

- 透過運動，孩子的笑容、家長的滿足，
- 就是最大的成就感

顧客關係

- 異業合作
- 運動課程

客戶群體

- 3歲以上兒童及各年齡層成人

核心資源

- 竹北.台中全方位運動場館專業師資

渠道通路

- 舊客引薦
- 社群媒體
- 實體空間

成本結構

- 人事成本
- 設備空間租金營運成本

收益來源

授課費用
夏令營
異業合作

Tips:創業做好風險評估 勇敢踏出第一步 機會就在身邊！
tips:保持初心 做自己愛做，想做的事，一步步完成它。

創業 Q&A

1.生產與作業管理-有沒有想幫產品再多加兩三個關鍵特色?如果要加那會是什麼?

彈跳床運動是一種全身性的肌耐力訓練。在彈跳時會使用到全身的肌群，因此可以在短時間內達到全身運動的效果。並充分達到快速心肺運動及燃脂效果。在沙鹿館另外開設的滑板區，更是結合滑板的平衡訓練及彈跳床的運動，達到更完美的訓練效果。

2.行銷管理-公司目前如何行銷自家產品或服務?如果還沒開始，有什麼行銷計畫?

我們目前的行銷方式是透過社群媒體推廣滑板及彈跳床運動。並不定期邀請KOL來店體驗這項容易上手又好玩的運動。並會固定邀請一些滑板社團及滑板的相關品牌來店辦理一些競賽及活動。

3.人力資源管理-未來一年內，對團隊的規模有何計畫?

未來一年想加強訓練更多的專業蹦床教練及滑板教練來強化會館在教學的這一塊領域。目標是透過更優質的教學訓練出一批可以參加滑板比賽及蹦床比賽的選手。

4.研究發展管理-如何讓市場瞭解你們?

透過訓練出好的選手，讓滑板及體操同好更加了解跳潮運動會館。我們嘗試以更專業，熱誠，積極的態度訓練未來的選手，並期待能推廣滑板及蹦床這兩種專業運動給社會大衆

Chapter 4

媽咪小站有限公司

楊智合
負責人

mammyshop
媽咪小站

事業守護、溫暖陪伴—媽咪小站

「媽咪小站」－負責人楊智合，退伍後接下家族事業旗下品牌「媽咪小站」，智合接下將品牌轉型的重責大任，觀察到市面上相當少有關嬰兒睡眠的品牌，即開始著手嬰幼睡眠寢具，開發出可以提供客製訂作的寶寶「情緒枕頭」、保護脊椎的「護脊床墊」，保護寶寶、讓寶寶睡得舒適，家人也能更安心、輕鬆守護孩子。

繼承家人意志、為愛轉型

負責人-楊智合，說起創立媽咪小站的起心動念是無心插柳，媽咪小站前身是自家事業旗下的一個品牌，因為少子化現象-現代人生得少也生得晚，台灣的母嬰市場不如以前繁茂，甚至逐漸式微中。退伍後的智合，接到父親指示希望接下家族事業，替品牌轉型，以因應現代的母嬰市場，於是智合放下曾經想過的夢想，毅然決然接下這份事業，創立全新定位的「媽咪小站」。

以人為本、對得起良心的事業

「媽咪小站」的核心理念是「以人為本」，所有的產品與服務，使用對象皆是媽媽及小孩，「媽咪小站」想做的是「對得起良心的事業」，賦予企業愛與責任的社會價值，照顧媽媽、小孩，如同對待自己的親人、家人。

「媽咪小站」最初推出的產品大多是奶嘴、奶瓶等日常用品，十年前，智合接下家族事業後，針對市場做了一番調查，發現市面上很少針對寶寶睡眠探討的相關研究，然而，「睡眠」對於寶寶的重要性不只是影響腦部發展，情緒、免疫力…等等都息息相關，再者，寶寶如果能快速入睡、睡得舒適，家長相對放心、輕鬆，也能有更多時間休息。於是智合著手研究開發母嬰寢具，推出適合寶寶的「情緒枕頭」，以及能支撐、保護嬰幼兒脊椎的「護脊床墊」，受到許多家長的肯定及好評回饋，現在也提供客製化服務，可以針對不同體型幼兒客製枕頭、床墊尺寸，有如家人一般的貼心照料。

十年光陰，化為守護客戶的心

智合提到，其實當時接到父親繼承家業的指示是百般不願，剛退伍的智合，還有許多自己的夢想要完成，但眼看著父親過去一手打造的品

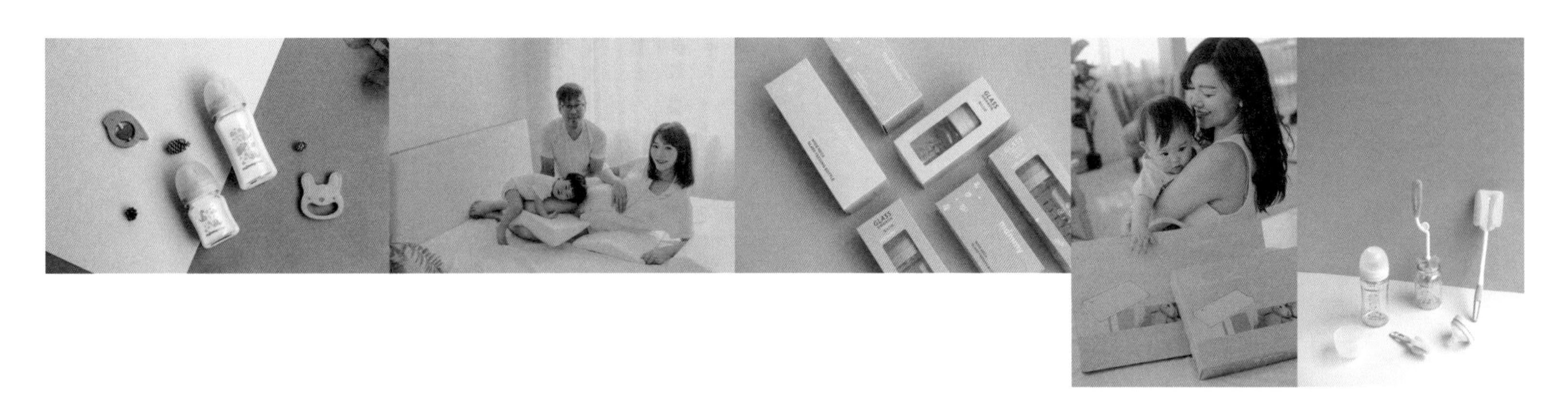

牌，現正值轉型之必要，還是答應了父親。剛接下「媽咪小站」之時，所有人事物對智合都是全新的環境，一切歸零從新學習，智合說這段磨合期是讓他覺得最具挑戰性、最受挫的時候，後來經過十年不斷的尋找自我價值以及妥協，才漸漸找出公司定位，也將自身心態調整平衡，帶著「媽咪小站」突破市場瓶頸，走出全新路線。

智合的「寢具」的策略讓「媽咪小站」打出品牌名號，對智合來說是一大鼓勵、也是成就感來源，而另一個支持智合走過十年挫折的原因，則是來自客戶的回饋，智合把握參與每一次品牌的參展機會，在展場上與客戶們真實面對面，除了知道客戶真實的使用感想，也收到許多用戶的良好評價，客戶也會主動介紹「媽咪小站」給周遭的媽媽、友人，客戶自發性的介紹、推廣，代表對產品的肯定、也對品牌價值的認同。智合說，一路走來，客人就像他的家人，智合看著許多寶寶跟著品牌一起成大，感動不在話下，也是支持智合繼續帶領「媽咪小站」守護客戶的最大動力。

無法預想任何變化，那就把自己準備好

智合短期目標是希望能茁壯「媽咪小站」的寢具產品，期望能成為台灣母嬰指標性的寢具品牌，而未來則是希望能在海外市場成立品牌，目前已在東南亞市場布局，與在地相關代理商聯繫合作，一起著手理解當地市場，因不同國家的睡眠習慣不同，需做徹底的調查才能推出「因地制宜」適合當地母嬰的商品。

智合用十年以來的創業經驗給予建議「無法想像無法準備的事物，只有將自我心態建立好，才能突破每一個突來的難關」無法預想任何變化，那就把自己準備好吧！如當初接下「媽咪小站」是智合從未想像過的事，一開始雖有挫折、摩擦，但智合選擇調整心態，讓身心準備好迎接各種挑戰，直到夢想、品牌成功。

媽咪小站有限公司 | 商業分享

- 知名嬰幼用品品牌

- 客製化寶寶「情緒枕頭」、保護嬰幼脊椎的「護脊床墊」。

- 「以人爲本」、「對得起良心」的企業價值。

- 各通路銷售
- OEM/ODM服務

- 尋找適合嬰幼的寢具之客戶。

- 多年來的創業思維與經驗

渠道通路

- 實體空間
- 官方網站
- 媒體報導
- Line@

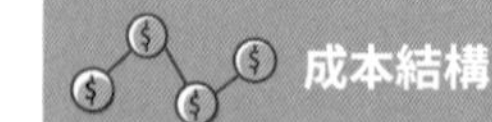

- 營運成本
- 人事成本
- 設備採購與維護

產品售出收益
廠商合作利潤

Tip：以人為本，對得起良心的事業。
Tip：無法預想任何變化，那就把自己準備好。

創業 Q&A

NEXT TAIWAN STARTUP
獨角我創業，
UNIKORN
媽咪小站有限公司
SCAN ME
LIVE
tel: 04-25284788
官網: http://www.mammyshop.com.tw/
add: 台中市豐原區大明路63號

水母吃乳酪有限公司

陳翌升
執行長

疼惜「水某」的心、健康無負擔的乳酪蛋糕—水母吃乳酪

「水母吃乳酪有限公司」執行長-陳翌升，二十二歲那年接下父親的事業，延續父親「給水某吃的乳酪蛋糕」的品牌精神，將這份疼惜妻子、家人的心，茁壯成為守護客戶健康的核心理念，減糖、減油、低脂、低熱量，即使是乳醣不耐症的民眾也可以安心享用，嚴選臺灣在地小農水果，每一口都能感受到無負擔的乳酪質地、酸甜新鮮水果。

疼惜照顧妻子的心、即使有乳糖不耐症也可食用

「水母」跟閩南語的「水某」同音，陳執行長說起爸爸創立品牌的動機，是因為媽媽患有乳糖不耐症，卻非常喜愛吃乳酪蛋糕，為了做出讓「水某」也能吃的乳酪蛋糕，父親日夜不斷研究配方、嘗試，終於開發出連不嗜奶、乳醣不耐症的民眾都可以食用、同時兼具好口味的乳酪蛋糕。「水母吃乳酪」乘載疼惜照顧妻子的心，細緻綿密的乳酪口感，有如陳執行長與爸爸愛護家人、客人的細膩心思。「好味道」、「輕盈無負擔」、「在地新鮮水果」讓「水母吃乳酪」成為乳酪蛋糕裡的暢銷品牌，說到健康美味的乳酪，就想到「水母吃乳酪」。

減法哲學-「少一點，就是多一點」

「少一點，就是多一點」、「減法飲食」是「水母吃乳酪」的經營理念，堅持不使用麵粉、奶精粉、膨鬆劑，所有製品皆是減糖、低脂、低油、低熱量，減去多餘的化學添加物，保留食材原型風味，讓客戶享用甜點之際，同時也為健康把關。「吃當季、選在地、友善環境」，水果乳酪蛋糕系列使用臺灣在地小農農產品，產地直送確保新鮮，配合季節確保客戶吃到當季最好吃的水果，例如使用屏東九如檸檬、苗栗大湖草莓、台中新社白冷圳巨峰葡萄…等，再搭配細緻不過甜的乳酪，成為「水母吃乳酪」最暢銷系列產品，不只受年輕族群喜愛，多層次口感也受長輩歡迎。

「美味」留住客人的胃，「服務」留住客人的心

陳執行長二十二歲那年，大學剛畢業之際，接下父親的事業-「水母吃乳酪」，接下品牌初期，一大挑戰是與爸爸在經營理念的碰撞、火

1. 水母吃乳酪生乳酪系列 2. 水母吃乳酪經典乳酪蛋糕 3. 水母吃乳酪獨家莓果塔

花，經歷不斷的溝通、討論，終在兩個世代之間的合作上找到平衡點。陳執行長回憶起從小跟弟弟一起假日工作，放棄連假與朋友出遊的機會，在家裡幫忙爸爸，如今品牌已走過二十個年頭，對於陳執行長而言，「水母吃乳酪」代表著家人之間的互相扶持與共同成長。而支持品牌逐漸成長穩固的動力，來自客戶的真實回饋。除了食材、製作過程嚴格把關，在服務上，陳執行長盡力做到親力親為，服務客戶有如服務自己的親人，一次印象深刻的是，客人在網路上訂購蛋糕希望寄送至露營區慶生，然而地點物流卻不支援配送，為了讓客戶能順利慶生，陳執行長親自將蛋糕送至遙遠的山地露營區，為的就是讓客戶在這一天重要的場合，品嘗到自家的美味蛋糕，這位客戶點滴在心頭，後來多次到店裡拜訪，也大力介紹給親朋好友。「美味」留住客人的胃，「服務」讓品牌與客戶之間的相處有了「溫度」，這一份暖流，成為陳執行長持續下去的動力，也是客戶持續回購「水母吃乳酪」的主因之一。

想到乳酪蛋糕，就想到「水母吃乳酪」

「水母吃乳酪」的短期目標是希望讓更多人認識品牌，不斷累積好口碑、網路聲量，中期目標則是在市區、鬧區開設店面，著重體驗課程，延長客戶現場停留時間，不一定要立即在店面消費，在這裡「慢慢」認識水母吃乳酪，回家再線上訂購也可以。長期目標則是成為乳酪蛋糕的第一品牌，提到乳酪就想到「水母吃乳酪」。

對於創業建議，陳執行長分享「永遠沒有準備好這件事」，出現的問題往往不會是你能預先預料、準備的，從中學習改善、修正，是陳執行長經營品牌十年以來一直保持的態度。「不要把目標設立的太遠大，目標是要可以達到的，達到後才能挑戰更高的目標」完成每一個階段的任務，穩扎穩打、過關斬將，即使只是小小的目標，都是在為未來更遠大的夢想做準備。

水母吃乳酪有限公司 | 商業分享

重要合作

- 臺灣在地果農

關鍵服務

- 減糖、低脂、低油、低鹽，乳糖不耐症也能吃的乳酪蛋糕。

價值主張

- 「少一點，就是多一點」不添加化學合成物，享用美味甜點同時爲健康把關，即使是乳醣不耐症患者也能安心食用。

顧客關係

- 各通路銷售

客戶群體

- 重視健康同時想要享受美味甜點之客群。

核心資源

- 父親過去製作蛋糕的經驗與在地新鮮食材。

渠道通路

- 實體空間
- 官方網站
- 媒體報導
- Line@

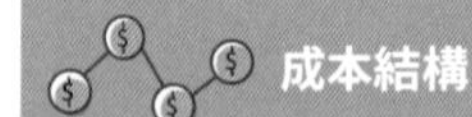

成本結構

- 營運成本
- 人事成本
- 設備採購與維護

收益來源

產品售出收益
廠商合作利潤

Tip：少一點，就是多一點。

Tip：不要把目標設立的太遠大，目標是要可以達到的，達到後才能挑戰更高的目標。

創業 Q&A

1.生產與作業管理-如何精準的執行在目標上?

熟知並理解品牌自身優勢，在了解客戶的喜好、市場的變化後，能隨時依據狀況將優勢加強並深化。

2.行銷管理-公司社群媒體的策略是什麼?

社群流行汰換速度快，要能隨時依照目前消費者的喜好，在相對應的社群媒體管道曝光自己的品牌。

3.人力資源管理-團隊的協調如何執行?有特別下功夫在這塊嗎?

我們將團隊視爲家一般的存在，經常透過激勵活動、鼓勵的方式，讓團隊可以持續不斷的凝聚在一起。

4.研究發展管理-公司規模想擴大到什麼程度?

我們有自有生產工廠，品質控管得宜，除了擴展加盟也會運用各種新穎模式販售。

什一堂烘焙坊

張智勝
老闆

傳承一甲子的經典-什一堂烘焙坊

「什一堂烘焙坊」第三代掌門人-張智勝總經理，承接爺爺與爸爸保留將近七十年的經典美味。除了延續品牌專業的烘焙技術，張總也致力於在第三代創造屬於這時代的經典-「蝴蝶酥」，也試圖在品牌意象、陳列氛圍融合新時代元素，傳統與現代化融化，給予客戶耳目一新的驚喜，更抱持著「款待的心」，有溫度的款待每一位客戶。

走過「半世紀」的好味道

「什一堂烘焙坊」創立於1951年，由總經理-張智勝的爺爺所創立，「什一」形容爺爺那時代「十塊賺一塊」的盛況，熱銷的「三明治」即是爺爺那一代的熱銷產品，保留至今、一代一代傳承。如今傳至張總已是第三代，張總二十二歲從部隊退伍，就回歸接下家業，期望傳承爺爺與爸爸的經典美味，也期許「什一堂」除了保留傳統，也能跟著時代成長進步，與「創新」結合，展現「什一堂烘焙坊」的全新風貌。

傳承經典、口味創新

什一堂在南投已深耕七十年多年，專業烘焙、美味伴手禮形象，已深植消費者心中，是許多南投人的共同記憶。「傳承」是什一堂的經營理念之一，什一堂保留每一代的經典口味，從三明治、檸檬蛋糕、到第三代的蝴蝶酥，都是什一堂的暢銷產品，讓顧客回顧經典、也能品嚐到什一堂的創新巧思。

什一堂烘焙坊除了致力於「延續經典」，張總也期望在第三代，什一堂能與現代結合，給予顧客煥然一新的品牌意象。什一堂每五至六年就會重新裝潢店面，除展示古早烘焙器具，也會結合現代軟裝設計，就是要讓老客戶、老朋友知道：「什一堂還是在這裡，而我們更不一樣了！」。

新舊融合、創意立新

從上一代-爸爸手中接下什一堂的張總，說起初期最大的挑戰，是面臨「新舊思維」的碰撞，兩個不同世代的合作，勢必會有些理念牴觸，朋友總對張總說不用這麼努力，複製就好，但張總想做的不只是「複製」、「照做」，更希望什一堂在第三代能「融合新意」、創造屬於這時代的「經典」。「蝴蝶王國」-曾經台

1. 什一堂烘焙坊繪圖
2. 檸檬蛋糕5入禮盒包裝
3. 檸檬蛋糕9入禮盒包裝
4. 法國雷諾特學院老師
5. 萓又亮輔

灣的代名詞，張總由此意象推出屬於什一堂的「蝴蝶酥」，高品質、獨一無二的酥脆口感，成為這一代什一堂的熱銷產品。張總對品牌的堅持、用心，為什一堂注入源源不絕的生命力。說到讓張總保持毅力經營的動力來源，來自客戶的肯定與讚賞，許多客戶從小與什一堂一起長大，什一堂的進步與改變客戶歷歷在目，民眾每次前來都不禁讚賞：「什一堂又更漂亮了！」、「品項又更豐富了」。張總認為每一個肯定都象徵著客戶對品牌的信任，而「信任」，給予張總源源不絕的動力、做好品牌，帶領「什一堂」進步。

積極主動、眞誠款待

什一堂的未來目標，張總期望，除了研發更多伴手禮產品，也希望能將品牌拓展至北部地區，讓其他縣市的顧客也能就近品嚐到南投的在地經典，長期則是希望能克服「品質」問題，延續美味的價值，將品牌推出至海外市場。

張總分享，如果想要創業，需要有「主動拓展市場、不是等著市場來找你」的心理準備，在市場無預警受疫情波及之時，許多店家經營不善隨之消逝，而張總帶領什一堂穩固根基，在適當時機主動出擊拓展業務，始終與客戶保持一定黏著度，安然度過疫情危機。

在張總的用心下，什一堂有了蓬勃的生命力，這股力量化為「款待的心」、「有溫度的款待」，讓老客戶、新客戶來到南投都不忘探探這位「老朋友」。

什一堂烘焙坊 | 商業分享

重要合作

- 上下游廠商配合

關鍵服務

- 三明治
- 檸檬蛋糕
- 蝴蝶酥等烘焙產品。

價值主張

- 不只是「複製」過去的經典，更要創造新意。
- 對待顧客要用「款待的心」、「有溫度的款待」。

顧客關係

- B2B
- B2C
- 異業合作

客戶群體

- 任何有購買烘焙需求之顧客。

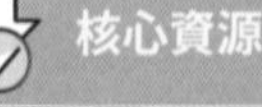

核心資源

- 三代傳承的技術與品質的堅持

渠道通路

- 實體空間
- 官方網站
- 媒體報導
- Line@

成本結構

- 租金成本
- 人事成本
- 食材成本
- 廣告行銷
- 其他

收益來源

實體店面
網路銷售
展場銷售

Tip：主動拓展市場、不是等著市場來找你。
Tip：款待的心、來自於人與人之間的互動。

創業 Q&A

1.生產與作業管理-主力產品的重點里程碑是什麼?

參加國際比賽或風味評比，間接打入國際市場。

2.行銷管理-公司目前如何行銷自家產品或服務?如果還沒開始，有什麼行銷計畫?

畢竟是老店，相對會有很多故事可以訴說，透過故事的方式去讓顧客更能理解我們傳承的用心。

3.人力資源管理-未來一年內，對團隊的規模有何計畫?

有些產品漸漸會開始導入自動化設備，畢竟量產還是需要仰賴機器提升產能。

4.研究發展管理-如何讓市場瞭解你們?

我們常在思考，資訊爆炸的世代 讓市場知道我們的存在最快的方法，就是將品質持續穩定。

5.財務管理-成長增速可能會遇到哪些阻礙?

老店再創新又要保有傳統，不僅要留住第一代和第二代的理念，又需要加入新一代的思想，是需要經過很多次的溝通才能達成。

盛星科技股份有限公司

高宏鈞
創辦人

astra

企業的雲端總管、解決世界級的問題—盛星科技

「盛星科技」創辦人-高宏鈞，父親本身也是創業家，遺傳到父親企業家精神的宏鈞，自幼就擁有天馬行空的想法及豐富的創意並且喜歡研究、設計產品，期望以父親為榜樣，研發出幫助大眾解決問題的產品。高宏鈞在創業前於各大企業任職，累積充足的經驗，認為創造「價值」就是要「創業」，創立「盛星科技」，運用精準人臉辨識系統，以及B2B SaaS雲端整合服務，為企業達到高效管理並大幅降低人事成本。

創業是創造「價值」、解決「問題」

高宏鈞說起創立「盛星科技」的起心動念，來自從小受父親的耳濡目染，宏鈞的爸爸是知名品牌D-LINK的創辦人，對爸爸的產品外銷至全世界很是驕傲，期盼自己也能向父親看齊，創造出有「價值」且能解決「問題」的產品。就業後的宏鈞，累積實務經驗以及對市場充足的調查，發現到科技與門禁系統結合的需求，創立「盛星科技」，結合科技解決人性問題，為企業創造更有效率的人力管理系統，前期除了在日本有亮眼成績外，回歸至臺灣更於2022年榮獲由電電公會與資策會主辦的「數位轉型楷模獎」。

解決企業管理問題、提高人力效率

「盛星科技」成立於2016年，核心服務為雲端影像整合辨識技術，透過人臉辨識、偵測、驗證、追蹤等功能，準確辨識身分，有效管理門禁進出以及員工出勤紀錄，透過AI後台蒐集、儲存資料，提供企業數據以達到管理最佳化，過去需仰賴人力審核、製作、管理之事項，皆能透過盛星服務整合管理。2022年推出業界唯一以雲端技術串聯的「GoFace X 雲門禁」無須繁冗建檔過程以及複雜資料設定，只要線上註冊，一組帳號即能儲存、同步所有資料，並自動導入各式硬體設備，提升跨區連鎖企業管理便利性。GoFace人臉辨識準確度高達99.5%，戴口罩也能精準辨識，並搭配體溫測量系統，滿足疫情期間企業對人員進出的控管，有效減少人力成本。於2023年延伸運用人臉辨識技術推出「GoFace新客加速器」，協助各種零售產業精準蒐集訪客數據，並設計標籤屬性分析獲取客群輪廓，提升至少33%業務成交率之餘也減少企業27%行銷浪費。「中小型企業的雲端總管，解決世界級的問題」是盛星科技的

1. 2022盛星以GoFace品牌榮獲由電電公會及資策會合辦的數位科技楷模獎 2. 盛星打造友善自由的工作環境、員工老闆有著深厚情誼，圖爲盛星年度尾牙 3. 盛星由一群充滿創意及熱情的員工組成
4. 2022年春季加盟大展，盛星執行長高宏鈞於展會談論GoFace爲各大企業帶來的幫助，獲得台下一片掌聲 5. 2022年盛星獲邀參與春季加盟展記者會，展示GoFace產品獲得廣大迴響
6. GoFace測溫門禁機使用照 7. 客戶使用GoFace打卡同時解鎖門禁 8. 客戶辦公室安裝GoFace門禁裝置實體照

創立宗旨，解決企業最繁瑣、複雜的人力管理問題，讓企業能專注在更有效率的事物。

疫情重挫，歸臺重新出發

「盛星科技」創立初期以日本為主要市場，並與當地最大的電信商NTT合作，前期在日本成績相當亮眼，然而後來遭遇新冠肺炎疫情影響，日本實行鎖國政策，當地經濟不景氣引發中小企業倒閉潮，即使有一千多家的企業使用盛星的產品，卻有長達兩年期間營收呈現零成長，對盛星科技是一大重挫，經過反覆思考後宏鈞毅然決然的斬斷日本市場開始著手企業轉型，將經營重心移回臺灣，將日本的市場放下歸零，以臺灣為重新出發點。這段轉型的時光，宏鈞形容是最印象深刻的挑戰之一，日夜都思考如何帶領公司突破疫情重圍、如何與投資人交代，公司也面臨轉型裁員危機，面對過去共患難的同仁，宏鈞一個一個親自面談、說明公司目前的處境，如此的待人用心，也獲得過去夥伴的支持與體諒，這段歲月雖然煎熬，卻也看見人與人之間友善的交流及互助，也是支持宏鈞走過公司慘淡時光的動力，堅持至今，「GoFace」在臺市占率逐年成長，在展場成績亮眼，屢屢獲得客戶肯定並屢獲各公會大獎。

確保對事物的「熱忱」、理解創業之路的「孤獨」

宏鈞談論到「盛星科技」的短期目標，是持續在臺灣深耕，並讓GoFace雲門禁市占率達到第一，期望有更多企業使用盛星產品、肯定盛星，未來則計畫在東南亞市場落地，宏鈞看準東南亞於科技需求逐漸成長的量能，計畫將GoFace引進此地區。長遠目標則是盛星成為上市及跨國公司，往更穩健方向前進。

對於存有創業夢想的人的建議，宏鈞分享，要確保對於一件事物的「熱忱」不會是曇花一現。創業是一條極其孤獨的路，創業期間的焦慮、執著、煎熬，是難以與他人分享的，你也不會知道這條孤獨的路會走多久，要有路途長遠、不見終點的心理準備，以及能承擔失敗的心理素質。宏鈞保有從小對創業的「熱忱」，這份心情帶領宏鈞創立「盛星科技」，而踏上創業旅途的「決心」，帶領宏鈞挺過失敗的煎熬、忍受孤獨的路途，終將讓企業撥雲見日、走向穩健之路。

盛星科技股份有限公司 | 商業分享

重要合作

- 大型企業
- 連鎖企業
- 工廠
- 建設

關鍵服務

- GoFace雲門禁
- 一套雲端系統整合門禁
- 人力管理等功能
- GoFace新客加速器
- 線下數據收集
- 客戶再訪分析

價值主張

- 「企業的雲端總管、解決世界級的問題」主張一套系統即能做到門禁控管、人員出勤管理、體溫測量等功能，並結合雲端技術，保留資料安全不外洩。

顧客關係

- Direct業務
- 經銷商

客戶群體

- 任何需要系統協助管理門禁、人員出勤紀錄之企業。
- 任何需要面對面銷售的產業

核心資源

- 人臉辨識+
- SaaS軟體服務及海外經營經驗

渠道通路

- 實體空間
- 官方網站
- 媒體報導
- Line@

成本結構

- 營運成本
- 人事成本
- 設備採購與維護

收益來源

SaaS產品售出收益
廠商合作利潤

Tip：企業的雲端總管、解決世界級的問題。

Tip：創業是一條孤獨的路，創業期間的焦慮、執著、煎熬，是難以與他人分享的。

創業 Q&A

NEXT TAIWAN STARTUP
我創業，
獨角
UNIKORN
盛星科技股份有限公司
SCAN ME
LIVE
tel: 02-27489710
官網: https://www.goface.me/zh-TW/index.html
add: 臺北市松山區東興路28號14樓

女子設計

蔡沂洹 Hannah
總監

設計好的幸福，打造每吋幸福空間—女子室內裝修設計

蔡沂洹 Hannah，女子設計總監。Hannah在業界累積經驗，為了實現自身對於設計堅持、細節的注重，對客戶的用心與品質的堅持，因此一手創立「女子設計」打造高品質設計，給客戶好的設計、好的空間、好的環境。

「女加子」成為一個好—好的設計、好的空間、好的環境

Hannah從畢業後便到臺中的設計公司任職，幸運的是，接觸到許多豪宅合作案，對於設計眉角、細節講究、設計流程都有相當程度的了解與熟悉。後來Hannah回到高雄後，發現許多設計公司為了方便與效率，使用照片向確認客戶使用材質，甚至顏色，這樣的流程讓Hannah感到十分的困惑，因為Hannah認為細節往往影響設計作好壞的關鍵，而材質、顏色的色差就是影響的細節之一。為了符合自身的設計堅持，為客戶注重每個細節，給他們「好的設計、好的空間、好的環境」。

除了品質上的堅持，Hannah對於創業的品牌名稱也琢磨了許久！有次聽到陶晶瑩對於兒女的專訪，開啟Hannah的取名靈感—「女子設計」意味女加子，有「好」的寓意之外，更能展現出女性的強大力量，實力是不分性別，女子的細心細膩，讓服務做到貼心，讓客戶備感呵護的設計體驗。

女子設計宗旨—將女性的細緻與貼心，融合到設計變成祝福

Hannah強調，品牌對於試色、選材十分的注重，也是Hannah一路走來的堅持。有別於其他設計公司，Hannah將實地親身試色、選材融入設計流程內，降低以照片選品所產生的色差風險外，更會偕同客戶一起挑選，提升客戶對於設計的參與，除了可以降低客戶對於成品想像的落差外，也能讓客戶融入設計體驗中，提高參與度也順勢提升滿意度。

Hannah說到，不論預算高低。對於材質皆是選用水性無毒漆，給客戶最安心保障。水性無

1.、2.、3.、4. 高雄 吳公館 完工照 5.、6.、7.、8.、9. 高雄 黃公館 完成照

毒漆有防燃、耐酸鹼、抗熱等特性，對於使用安全性是相對比較有保障的。就如同女子室內裝修設計品牌以「好」為主發點，將女性的細緻與貼心，到材質細節的注重，給客戶最好的設計變成最棒的祝福。

面對不同性格的客戶，累積經驗學習更好的應對

在品牌創業初期，遇到最棘手就是預算不足的客戶。Hannah分享印象最深刻的服務經驗。在團隊提交細節規劃後，客戶立即反應費用超出預算，因此Hannah提出兩個建議，第一，讓客戶可以找尋熟悉的廠商製作；第二，為了不讓介紹人為難，Hannah釋出誠意一願意降價以成本價完成，當作與業主相識一場的友情贊助。經過一段時間思考，客戶還是請Hannah團隊協助，但是過程中客戶出了不少難題，將已定案設計在施工期間反覆修改設計，甚至提出合約退款修改後差額等要求，一直到後期細清後，真正看見完成樣貌，客戶態度忽然一百八十度的轉變，非常客氣與友善，Hannah這時才恍然大悟，前期的刁難源自於客戶的不信任，而當成品符合客戶想像時，態度自然是轉變許多。Hannah認為，每次的經驗都是淬鍊，累積經驗讓下次能有更好的應對。最棒的祝福。

以輕鬆有趣方式，帶領大衆進入裝修知識領域

關於女子設計，除了在本業設計持續精進，Hannah規劃將透過社群Youtube及Podcast，以輕鬆有趣形式，帶領大眾進入室內裝修領域，分享裝修知識，也傳遞如何調整生活習慣，讓漂亮的家可以透過收納、清潔達到長期的維持。

對於想創業的人，Hannah認為最重要的兩項：資金控管與風險評估。以最壞情況下去準備，若準備齊全就可以投入創業。Hannah分享到，創業當老闆看起來光鮮亮麗，但背後的辛苦是不足為外人道，不同階段所面臨不同挑戰，盡可能做好準備，並堅持下去！

女子設計 | 商業分享

重要合作
- 室內設計
- 裝修服務

關鍵服務
- 室內設計
- 裝修服務

價值主張
- 品牌以「好」爲主發點，將女性的細緻與貼心，到材質細節的注重，給客戶最好的設計變成最棒的祝福。

顧客關係
- 室內設計
- 裝修服務

客戶群體
- 一般大衆

核心資源
- 產業經驗
- 室內設計
- 專業技術

渠道通路
- 門市
- FB
- Instagram
- 官方You Tube
- 官方Line

成本結構
- 營運成本
- 人事成本
- 設備採購與維護

收益來源

室內設計
裝修服務
老屋翻新

Tip：給客戶好的設計、好的空間、好的環境。

Tip：創業看起來光鮮亮麗，但背後的辛苦是不足為外人道

Tip：不同階段所面臨不同挑戰，盡可能做好準備

Tip：以「好」為主發點，將女性的細緻與貼心，到材質細節的注重，給客戶最好的設計變成最棒的祝福。

創業 Q&A

1.生產與作業管理-主力產品的重點里程碑是什麼?

女子設計致力於精緻的生活體驗與裝修，從設計的討論溝通到分析人類的習性與生活習慣產生的生活軌跡，我們將設計以「女子力」方式融入於每個生活細節，讓每位業主在生活中體會我們細緻入微的設計與思維。也透過有質感的設計與品味，爭取到國外的得獎機會，期望未來能讓世界看見台灣的室內設計。

2.行銷管理-公司目前如何行銷自家產品或服務?如果還沒開始，有什麼行銷計畫?

對於現今環境的快速發展與更新，網路時代與地球村已經不是像上世紀般的口號，而是存在於生活的現況。網路社群與媒體已經是每個公司的必要，除了增加公司的能見度之外也能自我的推薦讓更多人看見自己，不依靠金錢與傳統媒體推廣，實踐眞正的「有實力走遍天下」。未來我們期望讓設計思維走入生活，開放Podcast與網友溝通並分享生活經驗陪同網友一同經營生活，也以接地氣的方式了解一般業主眞正的需求以及各方立場，讓我們的設計更貼近人心。

3.人力資源管理-未來一年內，對團隊的規模有何計畫?

職業界有句話:「一個人走的快，一群人走的遠。」對於新創公司初期除了業務拓展與開拓，我更期望能在公司制度慢慢建立，讓公司能在一定的水準下也能自行運作與發展，打造堅強的設計團隊，也鞏固好優質成員的心。爲女子設計的未來共同努力，讓公司成爲設計團隊眞正的第二個「家」。

永達綠能科技工程有限公司

李俊緯
副總

太陽能施工創新工法 永達綠能科技

永達綠能科技工程有限公司創立僅5年，一開始其實是因為常為客戶
修復因颱風而受損的太陽光電系統，永達綠能總經理黃世賢與副總
俊緯從服務客戶中看見商機因而創業，以其專業施工技術協助客戶
修復完成廠房屋頂太陽光電系統，進而開發一系列支架及夾具，而
現在，永達綠能在太陽光電系統規劃設計、施工建置及營運維護等
提供客戶獨到的專業管理，獲得客戶一致認同。

提供品質第一的服務 全台皆有案場

創業初期，也面臨資金未到位、客戶關係建立難題。副總李俊緯說，創業前與合夥人皆從事公共工程相關工程，即便擁有技術，一開始沒有客戶、沒有資金成創業最大難題，但永達綠能創立的初衷即是提供「品質第一」的服務，從支架開模、案場規劃、施工安裝、完工驗收、維護一條龍的用心服務，吸引認同理念的同業及客戶，並且建立信賴感，「從未主動開發新的客戶，所有業務皆為客戶介紹而來」，但氣候、案場、時間壓力皆帶給永達綠能莫大的挫折感，副總李俊緯只得投入大量的心力去克服，去思考改善，更與成功大學風洞中心合作，自行開發支架結構系統，能確保系統抗風能力，落實風洞測試。一心一意提供給客戶最優質的系統及服務，反而越挫越勇，目前全台灣皆有永達綠能的案場。

一開始創業時，印象最深刻的是廠房屋頂安裝系統的案場規劃，這讓他傷透腦筋，工廠屋頂安裝太陽光電系統第一需求就是要降溫，基本上工廠面積大，不可能安裝冷氣，不符合經濟效益。

另外廠房點燈也是極大的問題，因此永達綠能就規劃改善廠房通風，並安裝太陽能支架並有效隔熱，更妥善運用自然光源及屋頂太陽能產電售出，創造可觀的發電效益，而這案場規劃也讓永達綠能獲2021國家金質獎的肯定。副總李俊緯說，太陽能界其實施工技術相對成熟，市場競爭力比的就是速度及效率，而永達綠能更願意多幫客戶想一點，不但協助客戶節省開銷，更多出了意想不到的收穫。

誠信創新核心理念 企業永續經營

以「誠信」對待所有客戶，用「創新」技術邁進世界潮流，永達綠能為客戶包攬未來20年的修繕維運，建立長久的信賴感。他認為，每一個案場規劃要像對待老朋友一樣，用誠信互動，同時不斷創新設備技術，例如針對屋頂太陽能設備，緊急斷電措施，並多次進行防災演練，這些都是讓企業永續經營的不二法門。再者，永達綠能擴展速度頗快，員工近百位，用疼惜家人的心對待員工，是永達不變的核心信念。未來也將購地增建倉儲廠房及建設員工宿舍，營造穩定的宜居建築，也提供員工安身立命之處。

媒合售電 遠端監控維運效率

而永達綠能之所以能在創業短短5年在太陽光電設備業佔有一席之地，因捨棄傳統的修護模式，採用獨特的夾具夾在屋頂樣板，改善因颱風損壞的支架及漏水狀況，帶給客戶未來20年的安心他坦言，太陽光電系統若透過多次轉包不但可能墊高施工成本，更因難以控管施工品質及責任造成損害，永達綠能不斷的創新開發設備，從規劃設計到營運維護一條龍作業，也讓永達綠能榮獲不少專利，如夾具開發的密合度、拉力強度，針對地面型支架結構如何抵抗17級陣風，同時更考量20年的使用效益，即便市面上有不少類似產品，但無法提供有效的結構報告，也讓永達綠能寧願自行研發適合的夾具，以因應太陽光電需求的客戶。未來短期目標仍是在本業兢兢業業，不做案場投資，只做專業綠能施工，中期目標將導入綠電（太陽能、風電）售電公司，由永達綠能媒合，取得綠電憑證達成出口需求，長期目標更會因業務量擴增，以遠端監控協助客戶往後20年發電效率，帶給客戶莫大便利。

副總李俊緯給創業者的建議即是其不變的核心理念，首重「品質第一、服務第一」，慢慢建立口碑，一開始即便沒有資源沒有客戶，堅持品質總有一天會被看見，他也表示太陽能產業的確有風險，讓客戶安心、放心，也因為每一個案場的用心堅持，打響名號，為台灣做好因應能源轉型的挑戰。

永達綠能科技工程有限公司 | 商業分享

重要合作
- 太陽光電設備業

關鍵服務
- 綠能科技一條龍服務

價值主張
- 獲益並非首要
- 堅持品質第一

顧客關係
- 異業合作

客戶群體
- 對綠能系統規劃建置需求的客戶

核心資源
- 太陽光電開發專利
- 系統規劃設計
- 施工建置
- 營運維護

渠道通路
- 舊客介紹
- 新客源加入

成本結構
- 人事成本
- 營運成本
- 廠房成本
- 研發成本

收益來源
太陽能系統規劃設計
施工建置及營運維護

Tips:堅持品質第一, 總有一天被看見

Tips:將阻力化為助力 誠信創新永續經營

創業 Q&A

NEXT TAIWAN STARTUP
我創業，獨角
UNIKORN
GETC
永達綠能科技工程有限公司
SCAN ME
LIVE
tel: 02-25682018
add: 高雄辦公處:高雄市前鎮區一心二路33號6FC
台中辦公室:台中市北區博館路88號5樓之1
彰化倉庫:彰化縣伸港鄉海尾路105-28號

你妳國際 空間設計

林妤如
設計總監

爲「你」設計、爲「妳」發想-你妳國際空間設計有限公司

設計總監-林妤如，求學期間就讀美術、藝術相關科系的林總，想著畢業後從事相關產業，卻從未有「創業」的念頭，「你妳國際」是偶然的機緣巧合，與朋友接下中國的案子，於是創立「你妳國際空間設計有限公司」，從初期主要客群為建商、代銷公司，漸漸將目標轉向個人居家、商用空間，也更貼「你/妳」最初的創立理念：為客戶「量身訂製」、「貼近生活」的美學空間。

因緣際會、召集團隊成立品牌

「你妳國際空間設計有限公司」設計總監-林妤如，高中就讀廣告設計班，大學期間就讀的是室內設計科系，學生時期就開始累積自身藝術量能。林總說，其實自己從未有過創業念頭，而是一次偶然的機會，與朋友接下在中國的案子，於是召集各方專業人士組成團隊，創立「你妳國際空間設計有限公司」，順利完成在中國的案子後，回臺落葉歸根、在地經營，為客戶打造兼具幸福及生活的空間。

爲「故事主角」搭建專屬場景

為你設計，為妳發想，站在「你」的立場為你打造幸福空間，這是林總創立「你妳國際」的核心理念，更強調「客製化」，為客戶量身打造，適合客戶本身生活型態的空間。在與案主討論的前置作業，團隊會充分了解客戶對顏色的喜好、各成員間的生活習慣、是否互相干擾，未來是否計畫增添新成員，都需納入考量，也會進一步了解每個成員從早到晚、一整天的流程，小到客戶習慣在哪裡穿鞋，團隊都確實紀錄，為的是提供客戶，在這個空間裡無微不至的照顧、最貼近你的服務。

除了滿足客戶對空間的功能性需求，「你妳國際」對空間美學的堅持，也是要求極盡完美，將客戶生活起居的每一個角落、空間，融入「美」的元素，視線所及之處屢屢讓你驚艷、賞心悅目。林總相信，每一位客戶，擁有獨一無二的生命故事，客戶是故事主角，而「你妳國際」是故事的場景設計師，將「你/妳」的故事寫入空間，用美學點綴你的生活型態。

從經驗中學習、成長

品牌創立初期，形形色色、各式各樣的客戶來者不拒，其中包含許多大型企劃案，令林總史

料未及的是，案件到一半，卻遭受到客戶倒閉、惡意拖欠款項，「你妳國際」那時後草創初期，拖欠款項對公司在資金週轉造成極大影響，林總為了資金問題四處奔波，精神壓力上也來到最高點，這次的事件讓公司打了將近三年的官司，雖然後來事件順利落幕，林總回憶起過程，相當消耗心神、消磨團隊能量，但林總將之視為寶貴經驗，既然遇到了，就將它視為養分、從中學習。

有鑒於過往的經驗，林總將案件單純化，漸漸將重心轉向個人居家空間或商用設計，以「人」為本整頓策略、重新出發，這樣的方向也更適合與貼近「你妳」的創立初衷，為「你/妳」量身訂做精緻、舒適，最貼近你生活型態的空間。

「專精」在值得「專精」的領域

「你妳國際」今年已步入第十年，林總表示會繼續帶領「你妳」精進學習，未來也期許「你妳」能擁有自己的軟裝部門，這是團隊未來的首要目標。

林總也建議，做為團隊領導者，不能以自我為中心，團隊的緊密程度，與創業之路是否能繼續下去呈正向相關。管理方面，林總拒絕「填鴨式」教育，而是鼓勵團隊多方嘗試、學習，並接受犯錯的可能性，在錯誤中學習、立即修正，讓夥伴學習獨立思考、作業。創業十年光陰，有喜有悲，林總也曾經因為挫折，心生放棄的念頭，而客戶的鼓勵與回饋，讓林總撐過一次一次又一次的煎熬，林總給也想創業的人建議：創業是辛苦的，做好準備、適時調整心態，任何阻礙在事後看來皆是成就夢想的養分。

你妳**國際空間設計** | 商業分享

- 個人商用或居住空間設計

- 客製化，符合個人生活型態與富含美學之空間。

- 爲你設計、爲你發想，量身定制，貼近客戶生活型態、生活起居，打造舒適、富含美學之空間。

- B2B
- B2C
- 異業合作

客戶群體

- 任何有空間需求之客戶

- 持續的進修資源與美學之涵養

渠道通路

- 實體空間
- 官方網站
- 媒體報導
- Line@

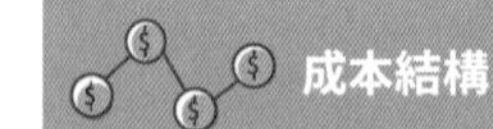

- 營運成本
- 人事成本

空間設計收益

Tip：「為你設計，為妳發想，站在「你」的立場為你打造幸福空間。

Tip：創業是辛苦的，做好準備、適時調整心態，任何阻礙在事後看來皆是成就夢想的養分。

創業 Q&A

1.如何精準的執行在目標上?

針對業主對空間的期待，我們會做規劃前的深入訪談，包含生活習慣、喜好收藏與未來生活的期待等；整理好後將所有的可能性融和到空間中，進行優化與客製。

2.公司目前如何行銷自家產品或服務?如果還沒開始，有什麼行銷計畫?

我們在各大有關空間設計的平台中均有露出，在粉絲專頁與ig均有不定時更新的動作。

3.團隊的協調如何執行?有特別下功夫在這塊嗎?

我們採專案執行的方式，讓客戶的訊息不漏接。

4.公司規模想擴大到什麼程度?

我們未來能擁有更多的專業夥伴，讓更多客戶能擁有更理想的空間體驗。

5.目前該服務的獲利模式爲何?

我們透過設計與執行工程的服務，重中獲取合理的利潤。

程澈科技股份有限公司

王芳綉
共同創辦人

智慧科技、翻轉社群經濟- 程澈科技股份有限公司

王芳綉Rita，學生時期就擁有創業夢，曾經嘗試自己批貨、當起網路賣家，那時候奇摩拍賣剛起頭，Rita早就是奇摩拍賣首頁的「十大賣家」。步入家庭的Rita，重拾創業夢想，看準臉書（Facebook）平台興起的社群團購，與身為工程師的丈夫，共同創辦「程澈科技有限公司」，推出「Buy+1賣家系統」、「Tencho24H雲店長」系統解決方案，提供社群賣家用戶一套系統即可計算、結算社群訂單，為用戶節省寶貴時間與精力，管理更加便利與效率。

重燃創業夢，跟上趨勢、順勢再起

「程澈科技股份有限公司」共同創辦人-王芳綉Rita，學生時期就嘗試過創業，那時候網拍正剛起步，Rita早已嗅到網拍商機，到五分埔批貨、成為奇摩第一批賣家。後來步入家庭的Rita，希望重溫過去創業當網路賣家、時間自主的時光，以兼顧家庭。時光回到七年前，臉書（Facebook）社團、團購風氣剛起步，Rita的丈夫剛好是網頁工程師，身邊的好友、同行紛紛前來詢問架設網站需求，隨著團購風氣盛行、訂單量越來越大，開始有客戶詢問：是否有能一站解決團購主管理訂單、結算金額的系統？Rita看準未來團購市場還會持續成長、電商平台將蓬勃發展，認為這樣的系統幫助客戶成長，系統供應商也能跟著穩定茁壯，與丈夫共同創立「程澈科技有限公司」，提供經營社群銷售的賣家一站式管理訂單的系統。

共存共榮、共同發展

「程澈科技」成立於2015年，「Buy+1賣家系統」、「Tencho24H雲店長」為主要服務，使用「程澈」系統就能整合各大平台：Facebook、Instagram 、Line、Telegram 群組訂單，並取得發明專利。過去社群平台團購，往往是買家在留言處表達購買意願，賣家再一一手動紀錄，過程繁瑣耗時，而透過「程澈科技」的系統解決方案，自動整合、紀錄買家留言訂單數，賣家不用再人為記單，節省更多時間成本，也大幅減少人為疏漏機率，賣家也更能將精力專注在提升整體業績效率。

Rita說起身為奇摩第一批網拍賣家的經驗，因

1. Buymatch聯賣系統　2. 女性創業菁英賽優勝　3. 受邀演講社群經營　4. 泰國參展　5. 參加女力高峰會　6. 參加美國矽谷WSL PitchDay　7. 越南河內參展
8. 開設團媽手機攝影課　9. 舉辦VIP交流會

為那時候風氣還不盛行，許多資源都需要自己開創、探索，有問題也只能自尋解決方法，其中耗費的心力與時間相對現今網路創業門檻可能更高，而Rita創立「程澈科技」，其中核心理念就是：期望服務像Rita一樣、初期一人創業的個人用戶、及中小型企業主，透過民營團體的力量互助，幫助產業日益茁壯。Rita表示「程澈」與用戶的關係是「共存共榮」，用戶倘若經營的「有聲有色」，身為系統商的「程澈」也是與有榮焉。目前「程澈」不定時開設說明會、講座、課程，除了教導用戶如何使用系統，課程也會教導賣家如何使用社群、數位行銷、稅務管理…等，並盡力協助用戶從個人賣家往成立公司行號方向邁進。「程澈」相信，與用戶攜手「與時俱進」、「共同發展」對個人、對公司，甚至是對整體產業都是有利無弊。

政策「瞬息萬變」，「臨危不亂」才是解決之道

「程澈科技」成立初期，當時團隊只有Rita、身兼工程的丈夫，以及一位助理，僅僅三人團隊行政、會計、技術、業務、客服一手包辦，Rita回想起剛開始辦理實體說明會，三個人臺灣北、中、南不斷奔波，將每個人的時間與精力發揮的淋漓盡致，這樣的日子堅持了八年，那時候Rita還帶著三個嗷嗷待哺的孩子。另一個面臨的挑戰是，社群團購流程與一般網購流程不同，身為第三方系統的「程澈」須隨時留意平台政策是否改變、更新。臉書（Facebook ）著名的「劍橋」個資外洩風波，重重打擊了「程澈」。為了不讓個資疑雲話題繼續延燒，臉書緊急宣布關閉所有第三方系統，「程澈」一夕之間所有服務皆不能使用，影響的層級是所有使用臉書的賣家，而那時正好是臉書購物社團正「熱門」時期。Rita想起那一次的重大打擊，對團隊、公司都是元氣大傷，所幸經過丈夫徹夜未眠的搶救工程，同時工程師團隊努力開發串連新的社群平台以及臉書規範的鬆綁，這次的危機才算是正式落幕。

初期三人團隊奔波勞碌的日子、平台政策變化的腥風血雨，支持Rita克服所有障礙、一路前進的動力，來自見證用戶的成長。許多用戶回饋使用「程澈」後有更多的時間可以休息、陪伴家人，有多餘的時間與精力進修成長，也有用戶是從小規模，一路使用程澈到現在已設立公司行號，Rita與有榮焉，也很欣慰程澈的核心價值被確實實踐。

程澈科技股份有限公司 | 商業分享

重要合作

- 與政府單位合作，協助中小型企業用戶創業。

關鍵服務

- 提供社群平台賣家系統整合、管理訂單。

價值主張

- 陪伴「個人用戶」、「中小型企業主」共同成長、茁壯。

顧客關係

- B2B
- B2C
- 異業合作

客戶群體

- 任何社群平台賣家、有使用第三方系統之需求用戶。

核心資源

- 多年來架構軟體、系統資源。

渠道通路

- 實體空間
- 官方網站
- 媒體報導
- Line@

成本結構

- 營運成本
- 人事成本

收益來源

系統販售收入

Tip：「與用戶攜手「與時俱進」、「共同發展」對個人、對公司，甚至是對整體產業都是有利無弊。

Tip：用戶倘若經營的「有聲有色」，身為系統商的「程澈」也是與有榮焉。

創業 Q&A

1.行銷管理-從客戶第一次接觸到成交，一段典型的銷售循環是什麼樣子？

我們系統服務提供14天試用期，不論是透過口碑推薦還是網路上自行搜尋註冊系統，我們都提供免費的一對一線上教學、免費的實體教學會、一周七天18小時的客服線上支援。在用戶試用期第7天及第14 天時，我們也會不定時發送電子報或客服的關心電話，與用戶聯繫溝通排除問題。

2.人力資源管理-團隊的協調如何執行?有特別下功夫在這塊嗎?

單純一個系統功能的畫面及操作流程，就會需要經過工程師、PM、設計師、客服來回溝通多次，早期團隊人數少LINE群溝通即可，但後來功能越來越大、越多就需要分工、分專案來安排進度，我們會使用的數位協作工具包含slack、trello、Jira..等。

3.研究發展管理-公司規模想擴大到什麼程度？

我們希望最理想狀態是每開發一個新的系統服務，除了行政會計支援外，可以另外有至少5人爲一組的子團隊來維護及營運。當組織穩固之後視經營規模增加人員。

我們會持續開發新市場及新服務，期望能往30人團隊邁進，並分國家/地區來管理。

幸福食間有限公司

善導書院 幸福食間

陳文靜
創辦人

改變弱勢思維 幸福食間打造留鄉夢

幸福食間有限公司由「善導書院」創辦人陳文靜女士延續其協助弱勢、友善耕作的基本精神，落實「手心向下」、「善的循環-創造七贏」的理念而成立，透過投入及串連在地資源，結合農業、加工業，運用網絡媒體宣傳行銷，創造更多就業機會，照顧與教育偏鄉弱勢兒少，讓幸福食間打造偏鄉弱勢的留鄉夢，感動這片土地，幸福篇章用「愛」持續上映。

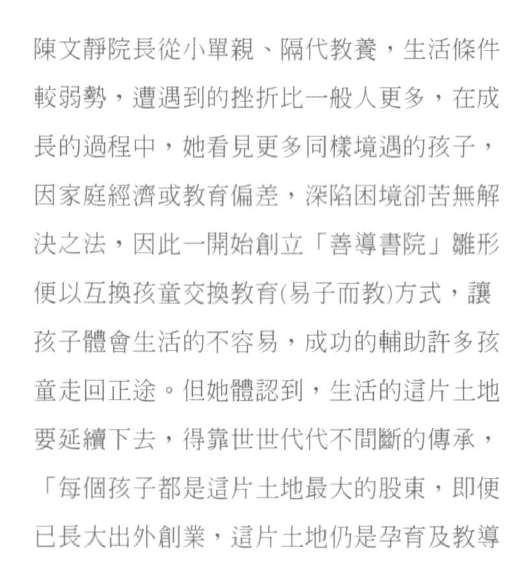

陳文靜院長從小單親、隔代教養，生活條件較弱勢，遭遇到的挫折比一般人更多，在成長的過程中，她看見更多同樣境遇的孩子，因家庭經濟或教育偏差，深陷困境卻苦無解決之法，因此一開始創立「善導書院」雛形便以互換孩童交換教育(易子而教)方式，讓孩子體會生活的不容易，成功的輔助許多孩童走回正途。但她體認到，生活的這片土地要延續下去，得靠世世代代不間斷的傳承，「每個孩子都是這片土地最大的股東，即便已長大出外創業，這片土地仍是孕育及教導孩子的初始」，因此鼓勵孩子迷途知返進而返鄉就業，創立幸福食堂以「農、食、遊、學」來共創永續，從農事開始教育孩子，成立幸福食堂與烘焙坊連結在地農業，導入生態導覽與在地文化體驗，透過產學合作培育餐飲在地專才留住青年，在區域共好、資源共享下共創價值。

接軌企業 返鄉回饋 永續這片土地的未來

一開始，其實創立幸福食間遭遇不少困境，除輔導家庭的弱勢條件外，排外、各界角力、人力與教育資源欠缺，種種不確定因素成為其創立時最大阻礙，一開始選擇由種植、買賣蔬果作為偏鄉孩童自立自足的根基，但天氣病菌讓成果很可能一瞬間毀於一旦，陳文靜院長便從中教育孩童「天下沒有白吃的午餐」，讓孩子了解產品絕對是友善耕種、並且是安全健康，珍惜每一位客戶做愛心的善意，也因堅持這樣的理念，吸引更多具相同理念的成員加入，各司其職從挫折中發想創意商品，以食農教育一條龍的方式，開闢偏鄉弱勢不一樣的路。同時也要教育孩子一個觀念，沒有一件事是理所當

1. 上幸福電台李大華節目行銷高樹新豐　2. 書院培育孩子碩士畢業　3. 陳文靜董事長創辦善導書院以多元教育-家事培育偏鄉孩子手心向下　4. 陳文靜董事長積極培育在地青年
5. 陳文靜董事長至佳冬農會推廣高樹農特產與農糧署姚志旺副署長合影　6. 陳文靜董事長帶書院院童送餐關懷長者　7. 陳文靜董事長創辦善導書院以多元教育-農事培育偏鄉孩子手心向下

然的，從學習中與企業接軌，有付出才有收穫。因此陳文靜院長帶領孩子體驗各式各樣的生活體驗，從零到有，去適應、永續這片土地的未來，守護生態環境，也成為幸福食間的核心理念。

用教育翻轉弱勢 幸福感由自己創造

幸福食間也致力於培育孩子與企業接軌，因此陳文靜院長很強調「即便是來自不幸的家庭，但幸福感由自己創造，並創造給要守護的人」，更希望透過教育去翻轉未來，也提供每一個家庭穩定的就業機會，「幸福企業要成長，要串連並穩定返鄉青農與在地老農」，讓弱勢有所依，做有良心的事，形成良善循環。幸福食間創造的不只是商業模式，而是地方價值，幫助地方觀光產業活化，也重塑偏鄉弱勢自立自足的形象。

印象最深刻的是，高樹鄉弱勢家庭將近6成，一天竟然只有在午餐時段最正常，常有孩子因營養不良而暈倒，決定提供54位孩子每天的早餐，本為善舉卻被媒體大肆報導被貼上弱勢標籤，陳文靜院長決定轉趨低調，認為這些家庭只是短暫的遭遇困境，透過教育與幸福食間的培育，定能翻轉其弱勢形象，而在當下，幸福食間也成為地方黑名單，所幸經過不斷地努力，終於讓大家看見其努力，重視偏鄉孩童的飲食，成為美事一樁。更有孩童知恩圖報，在學校原生家庭都要放棄的同時，因有著幸福食間的支援，開拓更不同的視野。

堅持良心價值 鼓勵年輕人勇於創業

而未來目標除了希望弱勢孩子能自給自足，更可永續發展、綠色療癒，送餐獨居老人、富足庇護農場，賦予這片生長的土地生生不息的概念。而每個人在創業時，都需具備一個「衝動」，鼓勵年輕人嘗試創業，勇於承受風險，但要有妥善計畫，也更因其為女性創業家，擁有母親、妻子、創業家多重身份，堅持下去，從中取得平衡，創造自身價值，這也是其創業不變的初衷。

幸福食間有限公司 | 商業分享

重要合作

- 室內設計
- 裝修服務

關鍵服務

- 室內設計
- 裝修服務

價值主張

- 品牌以「好」為主發點，將女性的細緻與貼心，到材質細節的注重，給客戶最好的設計變成最棒的祝福。

顧客關係

- 室內設計
- 裝修服務

客戶群體

- 一般大衆

核心資源

- 產業經驗
- 室內設計
- 專業技術

渠道通路

- 門市
- 粉絲專頁

成本結構

- 營運成本
- 人事成本
- 設備採購與維護

收益來源

室內設計
裝修服務

Tips:幸福感由自己創造, 並創造給要守護的人。

Tips: 幸福食間創造的不只是商業模式, 而是地方價值。

創業 Q&A

NEXT TAIWAN STARTUP
我獨
創角
業，
UNIKORN
幸福食間有限公司
SCAN ME
LIVE
tel: 0987-958953
fb: https://www.facebook.com/ho.design1314/
add: 高雄市苓雅區成功一路232號7樓之5

米爾頓企管顧問有限公司

陳寬泰
LGT語言引導師學院創辦人

助人助己、內在心智的「心靈導遊」-LGT語言引導師學院

陳寬泰，歷經人生低潮，嘗試用玩樂、酒精度過人生關卡，然而對於「生活」，依然感到力不從心，心靈無所適從。藉由書籍認識「身心靈」、「塔羅」等療癒方法，寬泰開始更認識自己，找回內在力量，透過「冥想」獲得心靈平靜，「心」寧靜了，更能直視自身問題，為生活帶來行動及改變。寬泰嘗試分享書中所學，給同樣在生活遇到困難的朋友，陸續有人詢問寬泰開課計畫，於是創立「LGT語言引導師學院」，以「助人助己」之信念，傳授身心靈療癒系統，期望學員在課程學習如何「助己」、「療癒自己」，進而達到「助人」、「療癒他人」。

自我療癒，走過人生低潮

「LGT語言引導師學院」創辦人-陳寬泰，過去遭遇長時間的人生關卡，感情不順利、與家人關係失衡、職場上也與同事不和睦，就連與自己「相處」都覺得痛苦，寬泰嘗試透過酒精、玩樂來「自救」，但狀況並無好轉，飲酒作樂也不是長遠之計。那時候就讀夜校的寬泰，兼顧工作及學生身分的他，資源有限，最能俯拾即是的資源便是書本，寬泰利用瑣碎時間翻起「身心靈」、「塔羅」等書籍自學，透過「療癒催眠」認識自己、探索心靈，逐漸讓身心平衡、恢復平靜，也將書中所學分享給周遭遇到人生關卡的朋友，漸漸地，陸續有朋友詢問寬泰是否有開課計畫，寬泰秉持著「助人助己」之信念，創立「米爾頓企管顧問有限公司」，開立「LGT語言引導師學院」，一系列課程，培育身心靈講師、專業催眠師、牌卡療癒師…等，傳遞正確觀念職業道德，幫助他人，也更認識自我、身心靈平衡。

最真實的「快樂」，來自心靈最深層的「平靜」

「LGT語言引導師學院」的創辦宗旨是「透過語言結構找到內在智慧指引」，學院提供多項NGH催眠及希塔療癒、塔羅課程、金錢靈氣，各種靜心冥想、身心靈系統，結合潛意識溝通對話的語言結構，以及心靈牌卡，曼陀羅禪卡、負黑冥想卡等課程，結合、歸納不同療癒系統，引導學員掌握內在智慧及力量，進而激發自身潛能應對環境、困境。寬泰形容自己有如「心靈導遊」，在學院使用療癒催眠，帶

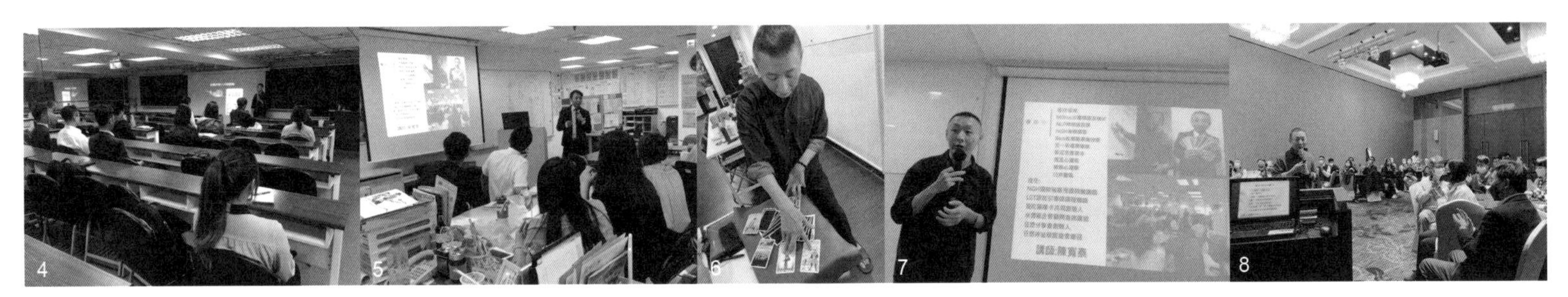

1. 講座邀約-1　2. 講座邀約-2　3. 講座活動-1　4. 講座邀約-2　5. 壽險講座邀約　6. 課程花絮　7. 課程花絮-2　8. 企業內訓

領學員探索「心智」，進而更認識自己、更認清現在人生卡的是什麼「關」，是什麼樣的選擇及恐懼帶領我們來到這個「關」。最真實的「快樂」，來自心靈最深層的「平靜」，寬泰期許用自己走過人生低潮的經驗，以及學院課程，幫助不管是有志從事身心靈領域的人、或者正逢人生不順遂之階段的學員，一起探索、學習，為來有一天也能將所學推廣至更多人、幫助更多需要的人。

身份轉換、換位思考

透過「療癒催眠」走過人生低谷期的寬泰，隨即遇到的困境是創立品牌初期，「創業的每一天都是難題」，過去從事業務主管的寬泰，轉換到「創業主」身分，心境與收入是寬泰最難以調適之部分，做為「老闆」，所有事務皆需親力親為，思維與「做為員工」很是不同；創業的收入也不再像過去「穩定」領薪水，現今公司盈虧自負，收入不再像以往「安逸」。也曾經問過自己為何選擇「創業」一途，為何寧願背負「重擔」度日，想起許多學員因為來到這裡學習，解決了身心問題、改善人際關係、生活更有目標，寬泰就知道自己選擇的這條路沒有錯，這條路「助人也助己」，結識不同的學員，「每位學員都是老師」，寬泰也從學生們身上學習、得到回饋，從教學中獲得心得與成就感，成就感支持寬泰，即使在創業路途遭遇挑戰，也能保持信念過關斬將。

成功非一時促成，而是經年累月的努力

現今「LGT語言引導學院」桃李滿天下，學員遍佈台灣北中南，更有來自馬來西亞、香港、日本之學員，目前學院之目標是廣收來由更多地方的學員，協助學員興趣變專長，增加第二份收入或是成為職業療癒催眠師，更重要的是，期許學員分享、傳遞正確、專業觀念，療癒自我也療癒他人。

對於創業，寬泰建議創業前務必準備充足，不要太衝動，寬泰分享創業前兩年的慘痛經驗，許多能事前準備的功課，如果能顧慮周到，就能少走許多冤枉路，壓力也不至於喘不過氣，所幸，那時候的寬泰，適時的調適心境、冥想，走過創業低潮，繼續為品牌努力。寬泰也建議，創業成功講求「累積」，成功需要經年累月的努力，不是一時即能一步登天，將本業顧好，與創業同時並行，才不至於壓力太大，也能以更泰然之心態經營。

米爾頓企管顧問有限公司 ｜ 商業分享

重要合作

- 各大網路平台合作曝光。

關鍵服務

- 學院提供多項NGH催眠及希塔療癒、塔羅課程、曼陀羅禪卡、金錢靈氣，等證照課程。

價值主張

- 「透過語言結構找到內在智慧指引」，引導學員掌握自身內在智慧及力量，達到內外兼修的身心平衡，完成我們想要完成的各種目標。培育更多助己助人的專業催眠師、身心靈講師及牌卡療癒師，成爲正職或斜槓收入的第二專長

顧客關係

- B2C
- 異業合作

客戶群體

- 任何想學習身心靈領域課證之學員。

核心資源

- 多年來教學經驗與專業知識。

渠道通路

- 實體空間
- 官方網站
- 媒體報導
- FB粉絲團
- 個人IG

成本結構

- 營運成本
- 人事成本

收益來源

顧客收益

Tip：最真實的「快樂」，來自心靈最深層的「平靜」。

Tip：成功需要經年累月的努力，不是一時即能一步登天。

創業 Q&A

1.生產與作業管理-如何精準的執行在目標上?

在創業過程中 有時難免遇到 情緒與壓力上的起伏 影響自身有效行動的展現 透過每日規律的冥想與每週固定的運動 協助自己有更好的創意靈感與活力 回到事業中的各項執行目標

2.財務管理-成長增速可能會遇到哪些阻礙?

近年來越來越多人 關注自己身心壓力的調適 與身心的健康與平衡 所以相對投入身心靈產業的老師及講師 也有明顯增加許多 我相信這是對產業發產的良性競爭 而在這樣的環境下 能夠深耕自身的領域 讓自己的專業更加細膩專精 也能夠在服務學員及個案時 用更同理 更耐心的方式 來做出差異化的專業授課教學與服務

Chapter 5

泰欣健康生活事業

李泰欣
執行長

改變，成就更好的自我—泰欣健康生活

「泰欣健康生活」執行長-李泰欣，在經歷家人病痛的變故後，開始注重健康、改變習慣，打造「有品質」的生活型態，認為身體要健康不只是補充保健食品，均衡飲食、培養運動習慣也一樣重要，於是成立「泰欣健康生活」，提供原料安全透明的保健食品給消費者，更身體力行帶領客戶實行運動、認識正確保健觀念，落實「全方位健康管理」之品牌價值。

生離死別、「健康」之重要性

李泰欣執行長，過去曾是竹科工程師、保時捷全球TOP100銷售顧問，在歷經家人的病痛與離世後，開始注重「健康」，戒菸、定時健康檢查、調整飲食及規律運動，並適時補充保健食品，透過改變生活型態，讓每一天的生活品質更加舒適、沒有負擔，更加「健康」。李執行長用自身經驗去體會「健康」對於自己、家人的重要性，與營養師團隊研發保健食品創立「泰欣健康生活」，期望透過品牌將「全方位」打造健康生活型態的理念推廣給大眾。

「全方位」打造健康生活型態

「泰欣健康生活」的品牌-EinFit，核心理念為專業的全方位健康生活管家，傳達訴求「健康」有三大要素:「良好運動習慣」、「均衡飲食」、「補充營養品」，雖是保健食品公司，但EinFit不只是推薦自家產品，在EinFit的官網上可以看到許多關於健康保健文章，提供消費者正確、客觀的身體保養觀念，期望客戶不只是單純消費、購買營養品，認識EinFit也更認識自己的健康。李執行長甚至每個月舉行講座、大型活動，傳達保健觀念，也帶著消費者一起參與鐵人三項運動、淨灘，落實「帶著消費者從全方位改善健康」之理念，在與客戶互動、共同為健康努力的過程，李執行長發覺自己與品牌的價值:「幫助一個人，等於幫助整個家庭」，這也是李執行長創業一路走來，能持續下去的最大動力來源。

EinFit旗下的保健食品有四大堅持:「全素食」、「專利植物萃取」、「無多餘添加劑」、「成分清楚透明」，在研發熱賣產品-益生菌過程中，李執行長發現原味已經是「合理」的味道，不須再特別添加香料、甜味劑，突破市面上大多益生菌為了「好吃」再額外添加「口味

道，不須再特別添加香料、甜味劑，突破市面上大多益生菌為了「好吃」再額外添加「口味」的印象，給予消費者最原型的保健食品型態，這也使益生菌成為EinFit成為最暢銷的產品。「純素米豆蛋白粉」使用EinFit專利植物萃取技術、無添加劑，並獲得歐盟認證，是市面上少見百分之百無多餘添加的產品之一，提供消費者、素食者補充優質蛋白，更安全、便利的選擇。李執行長使用自己的名字-「泰欣」作為公司名，則是希望產品原料、製造過程都能公開透明，讓消費者安心，「泰欣」在哪裡，負責人就在哪裡，消費者有任何疑慮「泰欣」都能為您解答。

彈性管理、即使在工作也能身心平衡

說到創立品牌期間遇到的挑戰，在於如何有效整合各成員之角色、確實管理團隊，如同EinFit產品主打著「公開透明」，李執行長所做的每一個決策、包括個人的商業行程都讓團隊清楚知悉，讓夥伴對於公司的規劃與進度能確實掌握，成員自然更信任公司、凝聚力更強大，如此的模式也落實在管理員工層面，每一位成員的行程都清清楚楚地標示在公開行程表，李執行長捨棄過去朝九晚五、一天八小時待在辦公空間的工作模式，讓員工可以自行安排工作時間，如果下午想去做瑜珈、慢跑，只要在行程表上標示，讓每個人都能清楚彼此的工作排程，分工合作達到最佳效率，也能確保每一位成員的身心健康，也體現了「全方位健康生活」的企業價值。

只要還有一口氣在，就是勝利

對於EinFit的長期目標是持續推廣「正確」、「全方位」的保健觀念，不單單只是靠保健食品來改善健康，EinFit將會秉持此理念繼續為客戶服務。說到未來目標，李執行長期望能讓EinFit在台灣各大通路、藥局曝光、銷售，目前更已計畫在中國、及東南亞市場布局，這些地區的保健觀念正在成形，是保健觀念打入的最佳時機，希望EinFit能在海外地區發揮影響力、傳達健康生活型態觀念。

李執行長用身體力行讓客戶看見生活型態的改變，之於健康的重要性，也用「泰欣」如今的亮眼成績告訴創業者:「厲害是做了才開始厲害，而不是變厲害了才開始做」。

泰欣健康生活事業有限公司 | 商業分享

重要合作

- 專業營養師

關鍵服務

- 公開透明製作過程、安全無添加之保健食品、全方位打造健康型態

價值主張

- 「全方位健康管理」不只提倡正確使用保健食品，也帶領消費者身體力行培養運動習慣、均衡飲食。

顧客關係

- B2C

客戶群體

- 任何有保健食品需求之客群、想更全面的改善健康之客群。

核心資源

- 專業營養師研發團隊
  彈性管理制度

渠道通路

- 實體空間
- 官方網站
- 媒體報導
- Line@

成本結構

- 營運成本
- 人事成本
- 設備採購與維護

收益來源

產品售出收益
廠商合作利潤

Tip：只要有一口氣在、安全落地，就是王者、就是勝利。
Tip：厲害是做了才開始厲害，而不是變厲害了才開始做。

創業 Q&A

1.生產與作業管理-主力產品的重點里程碑是什麼?

EinFit-敏力益生菌 在2023年度榮獲SNQ國家品質標章認證 SNQ國家品質標章(Symbol of National Quality)象徵著「Safety and Quality」，著重於『安全』與『品質』，以科學實證爲核心，來保障健康消費安全。 給媽媽與小孩最安心的益生菌。

2.行銷管理-公司社群媒體的策略是什麼?

EinFit致力於最透明的保健食品 不止原料、產品、工廠、劑量、檢驗無一隱藏連老闆的姓名、電話、地址，在網路上搜尋李泰欣都找的到! 給您最安心的品牌 -- EinFit

3.人力資源管理-團隊的協調如何執行?有特別下功夫在這塊嗎?

使用DISC行爲模式科學來理解員工 並用對方聽的下去的話與他溝通 在團隊上更能讓團隊有向心力。 用理性處理感性，科學解決情緒。

4.研究發展管理-公司規模想擴大到什麼程度?

EinFit至少要能幫助10萬個家庭以上 讓大家認識，才能傳遞正確的健康觀念 獲得身、心、靈的健康

藝識流國際身心靈療癒學院

林兆京
星際主席

藝識流國際身心靈療癒學院 用療癒與藝術傳遞正面能量

藝識流國際身心靈療癒學院為一全方位交流平台，跨越各領域，用愛深耕各產業，積極建立系統化、多元化的療癒課程，更培育國際級頂尖療癒師團隊，打造療癒新興產業、時尚修行，將療癒文化拓展到世界各個角落，帶領學員在生命道路上療癒自己。

藝識流國際身心靈療癒學院林兆京星際主席認為，所有事物的關鍵就在起心動念，創辦人即是在人生過程中遇到困難與挑戰，在世界各地發掘宇宙的真相，才察覺內心巨大的轉變正在覺醒，而這也能帶給人幸福感與轉變，並且幫助解決問題，而正是創辦識流國際身心靈療癒學院的起心動念。

看見本質 生命是不斷體驗的過程

療癒即是看見真相，而現代人常常忽略自己本身心靈的層面，即是從心靈層面去發現宇宙真相，在巨大的人體能量場裡，脈輪是能量的中心，也是連結宇宙正量的通道，進而改變世界。後疫情時代來臨，各個產業在這段期間都有著重大轉變，而「藝識流」更代表更高的層次，愛永遠是人類所需要的，透過藝術創作，更能讓正面能量流動於世界各地。其內涵真、善、美，提升人類意識，更符合其核心精神，不拘泥形式，看見其事物本質，以美的形式回到人性本源。

藝識流學院的三個層次首為生命教育指導師初步探索，第二層次則是會員制，帶領學員深度了解自己，提升自己的正能量，更深的層面即是轉化成印記，最後的目標即為改造全球的正能量的系統。創立7年以來，藝識流國際身心靈療癒學院把遇到困難、挫折視為宇宙給予的安排，每位學員都是一份獨一無二的禮物，協助他們走出當下遇到的人生困境。學員中遇到病痛、情關、家庭變故，在藝識流國際身心靈療癒學院解開人生的「結」，帶領學員發現、看見真相、進而療癒，重建自身的安全感。創辦人艾菲坦導師理念是每個人要成為「一」，意味著每個人皆為一個完整的個體，不需要靠外在的愛來填補感情，才能遇到靈魂伴侶，成為「1+1>2」，重新串連人與人之間的連結。

自我意識覺醒 與自己深度連結

林兆京星際主席更分享不同的個案，在課程的過程中，更曾有身居高位的企業家，透過身體療癒，釋放學員的情緒，學習與真實的自己相處。他強調每一個階段的人生遇到的難題不同

1. 2019企業講座　2. 2019深圳發佈會　3. 2021國際領袖峰會　4. 2022國際青年論壇　5. 2022國際青年論壇　5. 藝識流榮獲第六屆世界名人榜非凡成就獎

，藝識流就是在協助學員自己治癒自己。幫助每一個個案能夠跟自己深度的連結，「人類的意識養成，打造全新的環境」----成為藝識流的使命，而各式各樣的成功個案，自我意識覺醒，成為藝識流創業最大的成就感。

藝識流短期規劃即為將初階的生命教育指導師理念分享到社會上，帶領更多人探索理解自己，能量狀態，自我意識覺醒。中期規劃則將療癒系統推廣至全世界。長期規劃更是成立鳳凰會，在AI風行的世代，人類更能做到的即是心靈的成長與自我覺醒，集結各領域有能力療癒自己的人士，打造新時空。

檢視創業的起心動念 勿忘初心

林兆京主席強調藝識流打造全球療癒專業人才的培訓平臺，透過完整的學習、培訓、服務體系，開啟新時空身心靈產業鏈，家族辦公室協助企業轉型升級，也建議欲創業者首要檢視自己創業的起心動念及中長期規畫，創造價值財富就會來。若創業的真相只是為財名利，則不容易源遠流長，勿忘初心，保持時刻助人及自我療癒的心態，才是創業成功不二法則。

藝識流國際身心靈療癒學院 | 商業分享

- 藝識流療癒學院
- 星際聯盟療癒師協會
- 藝識流時尚修行
- 家族辦公室

- 身心靈修行課程
- 療癒顧問諮詢

- 人類的意識養成，打造全新的環境

- 會員制

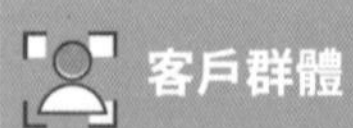

- 一般民衆企業家等對身心靈課程有興趣等學員

- 無

- 官網臉書社群
- 舊客介紹

- 營運成本
- 人事成本

收益來源

家族架構師
身心靈課程費用

Tips:宇宙每個安排，都是最好的安排。

創業 Q&A

1.生產與作業管理-主力產品的重點里程碑是什麼？

2017年 美國IAPC認證身心靈全人療癒師 2020年 世界衛生組織(WHO)之NGO合作培訓認證 2022年 中國國務院認證生命教育指導師系統

2.行銷管理-從客戶第一次接觸到成交，一段典型的銷售循環是什麼樣子？

1.對於自我療癒感到興趣 2.進入療癒師一對一諮詢 3.拿到整體專業脈輪能量報告書 4.進入分階課程培訓 5.成為療癒顧問/認證療癒師

3.人力資源管理-短期內還有什麼需要補進來的關鍵角色嗎？

專業的國際行銷公關人才

4.研究發展管理-公司規模想擴大到什麼程度？

把培訓中心拓展到整個大中華區 包含北京、上海、深圳、台北、台中、馬來西亞、新加坡 全球認證療癒師達到8000位

5.財務管理-未來有什麼必須的增資計畫？

身心靈APP系統的設計和設置 做整體身心靈能量健康的檢測和管理

BELLA 甜品專賣

蔡昀軒、張瓊文
創辦人

媽媽說可以的才叫健康-BELLA 甜品專賣

創辦人張瓊文Hanna、蔡昀軒夫妻共同創立「BELLA 甜品專賣」，以女兒Bella乳名做為品牌名稱，用「想要給家人最健康的」這份心情手工製作甜品，不使用人工色素、化學糖精，甜品的顏色及味道皆來自食材本身，吃得出清爽、嚐得出健康。「BELLA 甜品專賣」熬過疫情考驗，在「健康意識抬頭」的現代，獲得民眾好評與支持，短短三年間，二十九家分店遍佈全台，就連金門離島皆能看見「BELLA 甜品專賣」。

夫妻攜手創業、守護家人健康

「BELLA 甜品專賣」是Hanna與丈夫攜手創立的品牌，說到創業，並非夫妻兩人預料之中的事，而是因為女兒的到來。過去是日文老師的Hanna，為了能兼顧家庭生活與工作，Hanna與丈夫決定嘗試「創業」，提到女兒在肚子裡就是一隻小螞蟻、懷孕期間特別喜歡吃甜，為了讓家人吃的健康、安心，親自炒糖、熬煮仙草、手做芋泥、芋圓，一切用心只是想給孩子最天然、健康的甜點，而這樣用心製作的甜品，不能只有Bella擁有，以「媽媽說可以的才叫健康」為核心理念，創立「BELLA 甜品專賣」，食材天然，主打健康手做，美味無負擔的形象大受好評，至今在全台擁有將近二十九家的加盟分店。

親手製作、嚴格把關

「BELLA 甜品專賣」是Hanna夫妻兩人白手起家的成果，至今在台灣有將近二十九家的加盟分店。Hanna 分享，因為知道創業的辛苦，加盟的金額門檻設定在較好入門的區間，提供也想加入「BELLA 甜品專賣」的創業者較無壓力的加盟方式，加盟條件，Hanna 更看重的是合作對象是否認同自身核心價值，期望加盟者能真正了解「BELLA 甜品專賣」的創立理念，再予以合作。Hanna表示「BELLA 甜品專賣」不只是一間甜品店，它承載了母親對家人的關愛，並將這份愛與健康分享給民眾，唯有認同此理念的加盟主，才能真正落實、實踐這份重視與關愛。

以破釜沉舟之決心，應對困難與阻礙

品牌創立初期，細心特質的丈夫負責內場備料、品質控管，擅長口語表達的Hanna負責接待與對外行銷，彼此分工合作在創業初期減少許多摩擦

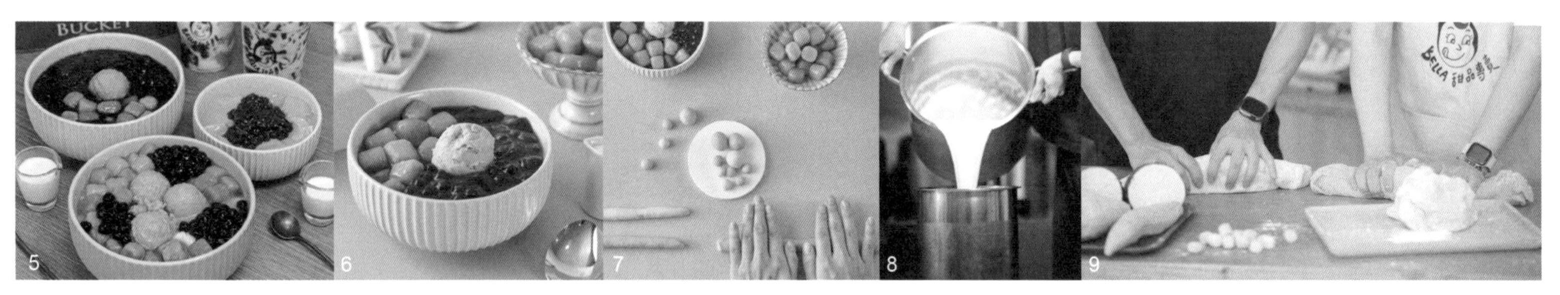

1. 手打芋泥＋芋圓布丁　2. 吃得到纖維的地瓜圓　3. 芋圓布丁＋芋泥　4. 店內招牌四宮格　5. 店內招牌雙芋系列、內用限定抹茶奶酪　6. 招牌雙芋奶凍　7. 手工製作三色芋圓　8. 創辦人親手製作豆花
9.創辦人手工製作

與衝突，反而最大挫折是來自週遭人的不看好，認為甜品店比比皆是，怎麼可能突破重圍？這些話時常打擊Hanna的信心，也曾經因此感到動搖、想放棄，但Hanna轉念一想，將旁人的批評化為前進的動力：「越是不被看好，越要證明自己的決心」，一心一意、全身貫注在目標，身旁的聲音自然消逝，取而代之的是：伴隨成功而來的鼓勵。

另一印象深刻的挫折是，開業後第三年，就遭遇肺炎疫情，「BELLA 甜品專賣」的許多加盟業者遭受疫情影響，影響生意的因素不單單因為疫情，地點、烹煮方式、行銷策略…等皆可能影響店家生意，卻有加盟主以此為理由向Hanna求償，並且提告，一來一往的爭執與法律程序，讓Hanna感到筋疲力盡、備受壓力，而Hanna依然勇敢面對，並且將這次的經驗做為經驗值吸收，找出與加盟主之間最和諧的合作模式、嚴格篩選擁有共同理念、價值觀之加盟主，不是只是廠商與廠商間的合作，而是以「夥伴」方式一起努力、傳遞核心理念，這次的調整，讓「BELLA 甜品專賣」在短短三年時間，就有將近二十九家的加盟分店，並且穩定成長中。

縝密規劃、落實核心理念

Hanna表示，對於「BELLA 甜品專賣」的短期目標是尋找更多志同道合加盟主、持續拓點，中期目標則期望進軍開發中國家，在東南亞的甜品市場插旗、獨占鰲頭，更長遠的目標則是克服法規、海關、運輸等障礙，打入歐洲市場，將台灣的甜品發揚至國外。

對於創業建議，Hanna 分享事前的資金需準備充足，就像當時遇到像疫情這樣的長期危機，充足的資金才得以讓品牌安然度過難關。再來是需設「停損點」，「創業不是成功保證」，不是一直投入金額就必定成功，適當的設立「停損點」保護自己，才不至於將自己東山再起的資本付之一炬。

『原則第一，經營由細節著眼 』『品牌永續，不求快的共好心法』從事餐飲品牌，除了擁有對料理的熱情，Bella團隊分享，還要抱著「怕熱就不要進廚房」的覺悟才行。一來是工作場域的溫度確實很高，二來是過程未必一路順遂，具備吃苦耐勞、永不放棄的精神，才能堅持品牌永續經營這條路。

BELLA甜品專賣 | 商業分享

重要合作

- 與知名部落客合作
- 媒體報導。

關鍵服務

- 不添加色素、防腐劑、人工糖精，甜品皆親手手工製作。

價值主張

- 「媽媽說可以的才叫健康」以母親角度開發健康兼具美的甜品，享受甜食同時顧到健康。

顧客關係

- B2C
- 加盟

客戶群體

- 任何喜歡甜品之客戶

核心資源

- 食材嚴格把關
- 製程安全放心。

渠道通路

- 實體空間
- 官方網站
- 媒體報導
- Line@

成本結構

- 營運成本
- 人事成本

收益來源

顧客收益

Tip：探索世界，從吃開始。

Tip：「對」的事，就值得努力、堅持不懈。

創業 Q&A

1.生產與作業管理-如何精準的執行在目標上?

原則第一，經營由細節著眼

2.行銷管理-從客戶第一次接觸到成交，一段典型的銷售循環是什麼樣子?

清楚、簡單、明瞭 提供顧客快速簡單方便易懂的選擇 現在顧客講求效率，需要快狠準的行銷方式 所以提供淺顯易懂的DM視覺強化意識，加速顧客成交率及回頭率。

3.人力資源管理-未來一年內，對團隊的規模有何計畫?

希望能夠穩定國內市場，積極拓展海外分店，加強品牌能見度

4.研究發展管理-如何讓市場瞭解你們?

行銷是一個人或一個品牌快速展露頭角的極度關鍵，現在訪間放眼望去，不論食衣住行育樂，都難以離開行銷一環，好的行銷能夠提升品牌知名度與能見度，往內擴充產品品質，才能夠穩定客戶實質忠誠度的唯一方式。

島嶼花塾工作室

劉亭宜
創辦人

島嶼花塾 找尋生活更美好的方式

工業設計專業畢業，內心一直有個創作夢的島嶼花塾工作室負責人劉亭宜小貓老師，想以自己的美感，將喜歡的美好事物分享給周遭所有人，但在畢業時，並未走入設計行業，而是懷抱著一個創業夢，決定在前一份工作告一段落後開創自己的事業，期間一直在思考可以發展的方向，偶然間踏入花藝領域，結合自身工業設計的專業，可將花藝視為一種產品設計，以顧客需求導向，且投入更多自身對美的意念想法，便以此為創業的起始點，進而創立島嶼花塾工作室。

創業至今4年，初期雖遭遇疫情影響，不過小貓老師不改其創業初衷，展現個性、喜愛創作、分享美好。小貓老師說，不論乾燥花、永生花、鮮花...花藝是一種視覺藝術，花藝領域相當廣泛，一開始也曾考慮鮮花花藝，但考量鮮花觀賞期僅二至三週，在創作作品時，想把美的事物留駐久遠，因此永生花成為首選，讓美的事物可以長存在生活中。因創業為個人工作室，初期又遭遇疫情，一切都得從零開始，形象、美編、宣傳、攝影...，全都一手包辦，創業初期沒客源、沒收入、沒資源，這讓原本就較無自信的小貓老師，備受挫折，也曾自我懷疑是否價格定位、作品走向不受青睞，且以教學為主的小貓老師也苦於教學年資不足，曾受到學生質疑，但隨著客群、學生逐漸穩定，小貓老師也重拾信心，努力創作、磨練自己，心態轉變其實很重要，當沒辦法去改變別人的想法時，在授課過程中，尋找理念相同的客群學生很重要。也認同初期的挫折感是必經過程，飽受失敗後才能盡嚐成功果實。

從零開始 致力將美感事物融入生活中

曾因年輕備受質疑，有學生來諮詢課程後，卻因老師資歷尚淺而沒有選擇小貓的課程。在不斷磨合、不斷進步之下，小貓更了解自己的定位除了教授花藝技術外，也是帶領學生將美感事物融入在生活中，找尋更理想的生活方式，活得更舒服自在，因此自己的教學及工作室就為學生提供更彈性的時間，一人即可開課，讓學生在忙碌生活得空擋也能來教室盡情享受手作過程，創作出的作品就會有專屬於自己的溫度，因此她時常鼓勵學生在繁忙的生活中抽出一點時間從事花藝創作，在自由創作中，選材、配色、構思，在小貓老師引導下，學生發展出專屬自己的特色，不宥於固定風格，讓學生

自由搭配再進行討論，並且鼓勵學生與同期學員間多加交流，由基礎技術開始學習，逐步自由發揮，一切創作都是從零開始的自我成長，讓花藝創造自己的成就感。

「花藝並不是遙不可及」

因為想要鼓勵創作，將「花藝並不是遙不可及」的理念傳遞給更多人，小貓老師在島嶼花塾開設充滿溫度的不凋花及手作課程，客群大多為二、三十歲的年輕女性或媽媽客群，也有為初學者開設的季節性課程，從單品課至進階的證照課、因應節慶設計特色課程，針對學生需求提供客制化課程，學生也會因其目的性不同，調整其學習心態，小貓老師也樂觀其成。而島嶼花塾在中長期的證書課程中，和學生培養相當好的默契及情感，最快三至六個月，經原教室考試後，即可取得日本協會認證的證書。學生陸續取得證書後，紛紛給予良好回饋，同時，永生花藝也成為學生正向思考及舒壓的方式之一，靠著花藝找尋自我價值，轉換心態。小貓老師說，其實不論是基礎到進階花藝課程，最重要從創作中體驗生活質感，用花藝逐步實現追求理想生活的型態，從療癒花藝中與自己對話，學習品味生活中的美好事物，進而打造生活空間美學，學員的回饋也讓小貓老師相當感動。

成功非速成 多點堅持與自信終能成功

島嶼花塾短期希望完善其花藝課程，並推動休閒課程讓更多人進入花藝領域，更期待未來能進修商業花藝佈置、擬真花藝等專業知識，讓規模更完整，為工作室增色添香。同時在創業路上，建議不要把同行當作敵對關係，要當成學習討教的對象，在永生花領域中，共同合作讓更多人理解永生花，創業是很不容易的，需要一段時間累積作品質量，成功不是速成的，沈住氣、堅持美的事物，給自己多點鼓勵、多點自信，持續精進自我，一定會步步邁向成功。

島嶼花塾工作室 ｜ 商業分享

- 永生花教學
- 永生花證照班

關鍵服務

- 永生花花藝教學
- 作品銷售

- 找尋更理想的生活方式，在花藝世界裡將生活過的更舒服自在。

顧客關係

- 個人工作室
- 實體空間採預約制

客戶群體

- 個體客戶
- 企業團體

核心資源

- 專業技術
- 專業人才
- 專業教室

渠道通路

- 私宅工作室
- 官方網站
- IG
- Facebook

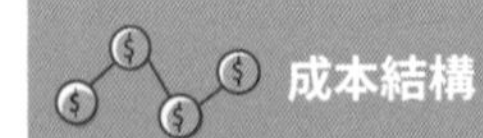

- 營運成本
- 設備採購維護

開設課程費用
產品售出收益

Tips:在花藝世界裡，找尋更理想的生活方式，將生活過的更舒服自在。

Tips:創業是很不容易的，沈住氣、堅持下去。

創業 Q&A

1.開發/溝通過程什麼事情發生最令人害怕?

開發具有特色、創新的內容是最困難的，市面上相同類型的花藝課程或產品太多，消費者看不出差異化，許多工作室只能採用低價促銷的方式吸引消費者買單。爲避免陷入只能削價競爭的困境，需要不斷的提升自家課程的精緻度與廣度，避免一昧的模仿他牌熱銷課程，才能開發出讓消費者眼睛一亮的產品。

2.公司社群媒體的策略是什麼?

透過社群平台推廣課程資訊，將課程內容、上課實錄、學生作品眞實呈現在粉絲頁上，規劃相簿分類，讓有興趣的粉絲更好找到需要的內容。粉絲頁除了介紹課程內容外，也會發布授課心得分享、學生反饋內容等，讓粉絲與小貓老師一起經歷日常、共同成長。在社群客服回覆的部分目前都是小貓老師親自回覆，從客戶的角度出發推薦適當的課程或產品。

3.成長增速可能會遇到哪些阻礙?

證書課程及客製化訂製對於進口素材的需求逐漸增加，但近年受全球疫情影響，材料時常供不應求或是價格浮動，需要調整課程內容來因應材料短缺的困境。另外，在引進特色花材花器的同時若無法把握節日檔期、沒有準確預判消費者的喜好，會造成庫存過多無法消化，爲控制庫存品數量，可定期規劃商品出清，販售給有需要的學員。

意潛自由潛水

One意潛

張孟倫
負責人

享受，並愛上在大海飛翔的自由吧!—意潛自由潛水

張孟倫先生，為意潛自由潛水負責人。張孟倫先生因為出自於本身對於大海、與水相關運動的熱愛，進而一步步探索學習，最終成為自由潛水專業教練，並且集結熱愛自由潛水的夥伴，共同打造「意潛自由潛水」，不遺餘力推廣、教學，期盼更多大眾能愛上這項運動。

因爲熱愛，所以心無旁騖投身在最愛的「自由潛水」領域

張孟倫先生，大夥親切叫他「阿倫」。早些年前，憑著對於自由潛水的熱情，愛上在大海中有如鳥兒於天空翱翔那般自由自在、無拘無束，便在2016年時下定決心，出國學習自由潛水技能，並專研更多專業知識也順利取得教練執照。回台灣後，一開始以兼職方式，為身旁喜歡玩水的親友教授游泳、自由潛水等課程，逐漸穩定後便在2017年底辭去原本工作，專心成為一位全職教練。

阿倫一開始因為喜歡產生興趣後投入自由潛水這項領域中，在技能不斷精進後順利成為教練，阿倫說道，興趣能與事業就結合是相當幸運的事，中間雖然遭遇到許多挑戰與困難，憑著百分百熱愛一定會咬牙克服。成為全職教練後，因為學生多數為一般上班族，課程通常安排在晚上或是假日，與家人、朋友相處的時間變得十分不易，幸好獲得家人諒解與支持，讓阿倫能繼續在喜愛的領域上發揮長才。

意潛自由潛水：「致力推廣讓學員在安全之下，感受安心的自由潛水。」

不可否認，自由潛水是存在一定風險的，阿倫如此說道。但是意潛透過教練專業培訓、安全規範建立，讓所有學員在學習時，都可以在安全之下進行，也能讓家人放心。因為從事水運動，任何細節風險安全的考量，都是保持自身安全不可或缺的，讓運動進行中更有保障。

阿倫分享到，安全規範建立主要希望讓大家在享受自由潛水的同時，也能保障安全。因此，在意潛自由潛水課程安排上就可以看出其用心。針對第一次嘗試潛水的學員，將安排最初階的課程，體驗身體在深泳池中，雙腳無法踩地時的感受，第一，要克服心中恐懼；第二，要

適應身體感受。後續會觀察學員狀況，循序漸進安排初階、進階與高階課程，意潛自由潛水也有教練證照考取服務可提供。

意潛自由潛水另一主力項目為潛水賽事推廣與舉辦，阿倫認為透過賽事讓大眾認識「自由潛水」與「意潛」品牌宣傳力道更強。也將是品牌未來持續努力方向之一。

找到一群志同道合的夥伴，做著一件共同熱愛的事

意潛自由潛水，團隊中許多教練夥伴都是阿倫早期學生。由阿倫帶領他們認識「自由潛水」的美好，因為有著相同理念—「推廣自由潛水，讓更多人感受在大海飛翔的自由」，在創業道路上一同努力與成長，都是阿倫在推廣自由潛水上，非常得力的幫手。

團隊因有著共同理念，除了維持日常教學好的品質外，對於阿倫舉辦國際賽事也是全力支援，讓賽事舉辦按部就班上軌道，也獲得更多人的認可，今年賽事參與人數更勝以往。2018年舉辦自由潛水賽事僅有40人報名，輾轉到了今年2023年，兩場賽事皆突破150人報名，更有一場人數突破200人，比賽名額在開放後三分鐘內滿額。在阿倫與團隊不斷努力下，在台灣慢慢讓更多人知道自由潛水，並吸引他們投入。

讓自由潛水成爲台灣人氣運動

意潛自由潛水，以品牌為經營導向，推廣自由潛水運動外，也讓這群潛水愛好者有家的歸屬感。對於意潛自由潛水的發展，阿倫認為短期仍會著重在教學品質提升與安全規範優化，讓更多人相信意潛自由潛水的專業，在這裡都能安全安心享受潛水。中長期則放眼賽事推廣，定期的賽事舉辦，透過比賽轉播與宣傳，推廣自由潛水與品牌。

阿倫期盼，自由潛水在台灣能以安全穩定中蓬勃發展。任何運動都有風險，只要學習認識風險、懂得風險控管，相信自由潛水能帶給大家不凡的美好體驗。

意潛自由潛水 ｜ 商業分享

重要合作

- 課程教學
- 考照訓練
- 賽事舉辦

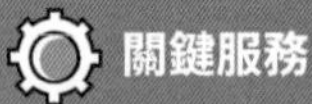

關鍵服務

- 課程教學
- 考照訓練
- 賽事舉辦

價值主張

- 在安全之下，感受安心的自由潛水。
- 透過教練專業培訓、細心的安全規範建立，讓所有學員在學習時，都可以在安全之下進行。

顧客關係

- 課程教學
- 考照訓練
- 賽事舉辦

客戶群體

- 一般大眾

核心資源

- 產業經驗
- 專業技術

渠道通路

- 官網
- 社群媒體

成本結構

- 營運成本
- 人事成本
- 設備採購與維護

收益來源

課程教學
考照訓練
賽事舉辦

Tip：在安全之下，感受安心的自由潛水

Tip：找到一群志同道合的夥伴，做著一件共同熱愛的事

Tip：希望學員把自由潛水學好，而不僅是把課上完而已

創業 Q&A

1.生產與作業管理-如何精準的執行在目標上?

自由潛水的教學品質與熱誠的維持與成長是非常的重要，團隊成員會不定期的開會與案例分享學習，內部的教材也不斷地在更新，讓團隊的成員可以專注在教學上。

2.行銷管理-接下來會做什麼廣告?

自由潛水是一個比較新興的運動，很多朋友並沒有接觸的經驗，接下來我們會投放比較多在平面與網路行銷廣告上，讓更多的普羅大衆來認識我們

3.人力資源管理-團隊的協調如何執行?有特別下功夫在這塊嗎?

團隊的成員都是自由潛水教練，所以共同目比較明確，對工作的自我要求也有一定水準。 組織化的扁平有利我們的直接溝通，並沒有階級制度的隔閡，讓每一位成員都平等的被尊重。

4.研究發展管理-公司規模想擴大到什麼程度?

公司目前的規模在台灣自由潛水業界已是數一數二的，我們將維持目前的規模與能量，持續的開發新的運動項目與更多元的發展。

5.財務管理-成長增速可能會遇到哪些阻礙?

同業人數增加，學習成長的人數可能會放緩

戀戀葡萄園酒莊

張勝評
總經理

傳統釀造、多角經營—戀戀葡萄酒莊

「戀戀葡萄酒莊」－張勝評總經理，從爸爸手中接下酒莊，親手研究釀造，捨棄以往傳統經營方式，用自然古法釀造出最適合臺灣人口味的葡萄酒，利用網路平台積極曝光品牌，並開放酒莊讓民眾參與釀酒過程、在酒莊舉辦餐會、活動，增加客戶黏著度，帶動彰化二林當地觀光效益，「戀戀葡萄酒莊」更是屢屢獲得國內葡萄酒大賞。

品牌創新、多元模式經營

戀戀葡萄酒莊，原身為「兆順酒莊」，在彰化二林已經二十多年歷史，由第二代-張勝評總經理，接下爸爸的酒莊，將酒莊品牌化，以多元模式經營、創新，更結合在地特色，讓戀戀葡萄酒屢屢獲得國內釀酒大獎，而取名為「戀戀葡萄酒莊」，是因為張總經理與妻子是在酒莊認識，張總形容釀酒就如同戀愛的感覺，酒經過日積月累的釀造存放，揮發出獨特、迷人的香氣，如同當年與太太相識的過程，張總將戀愛的感覺以及多年來的釀酒經驗，保留在一瓶瓶的葡萄酒內，每一口，都能感受到「戀戀葡萄酒莊」的精神與用心。

口味在地化、保留臺灣特色

張總經理認為，國外的釀酒技術已發展百年，希望與其他國家做出差異性，必須與在地特色結合。張總發現，臺灣的葡萄口味較甜、偏酸，相當適合作為甜酒，於是，張總將目標瞄準年經客群、以及不敢喝酒的女性客群，將葡萄的酸味去除，保留天然甜味，嘗試過的客人都說與過去對葡萄酒的酸澀印象不一樣，更好入口，更符合臺灣人味蕾。

有別以往過去傳統酒莊僅釀造酒，以經銷方式批發給廠商，張總採多元模式經營，積極經營網路平台，增加曝光管道，張總更與社區、旅行社異業合作，將酒莊開放參觀，讓民眾認識釀酒過程、參與採果行程，也可以參加DIY釀酒課程，不僅讓民眾與戀戀葡萄酒莊有更深的連結，也帶動彰化二林當地的觀光效益。

回憶的味道－長輩爲家人釀的酒

接下酒莊事業的張總經理，親手研究如何釀造優質葡萄酒，這段研發的漫漫時光是一大挑戰，不斷嘗試、優化過程，無數次反覆的研究，

讓人筋疲力盡，為的就是打造出屬於台灣口味的優質葡萄酒。

張總說明，現在大多酒莊已捨棄傳統方法釀酒，也就是使用「糖」去發酵，然而，張總堅持傳統古法釀造，不添加硫化物，用最自然的方式，提釀出葡萄原始風味。有一次印象深刻的是，在酒展上，一位客人喝了戀戀葡萄酒莊的酒，眼眶漸漸泛紅，客人形容跟過去家裡長輩釀的酒，味道如初一轍，對於這位客人，這是回憶的味道，是長輩對於家人的愛的香氣。

支持張總繼續經營的動力來自於與客人的交流，張總說，從小自己的成績並不算頂尖，唯有「興趣」能讓他在一件事物保持動力，品酒、釀酒，一直是張總的熱情所在，在每一次參展過程，與客戶的分享、交流，是張總的最大動力來源，也是戀戀葡萄酒莊能保持二十年優質品質的主因。

積極曝光、尋找異業夥伴

說到戀戀葡萄酒莊的短期目標，是積極參與國內展覽，持續將品牌推廣給更多人認識，也期望能與各領域廠商異業合作，將「一加一大於二」的效益發揮最大，就如戀戀葡萄酒一直以來與社區與旅行社合作。未來目標則是期盼將品牌外銷至世界，讓更多國家認識台灣、品嘗屬於台灣味道的葡萄酒，目前已計劃前往日本參展，原因是日本酒的口味與台灣相近，期望認識更多清酒、梅酒廠商，交流、交換實力，期望在產品開發激出新的火花。而對於創業者的建議，張總說，創業並不困難，每個人都有機會嘗試創業，重點在於選擇自己熱愛的事物，有熱愛才有動能堅持下去，也不要害怕失敗，害怕會帶領你走向卻步，同時帶領你走向失敗。「戀戀葡萄酒莊」裡的每一瓶酒，乘載張總對妻子的愛、對釀酒的熱愛，「興趣」支持張總走過二十年光陰，「擁抱」失敗支持張總走過釀酒無數等待的日子。

戀戀葡萄園酒莊 | 商業分享

重要合作

- 社區管委會
- 旅行社

關鍵服務

- 結合在地特色葡萄酒、以觀光模式經營酒莊

價值主張

- 傳統自然古法釀造，不添加化學物質，即使不敢喝酒的族群都能接受的甜味葡萄酒。

顧客關係

- 各通路銷售

客戶群體

- 喜歡口味偏甜的葡萄酒之客群。

核心資源

- 二十多年的釀酒經驗。

渠道通路

- 實體空間
- 官方網站
- 媒體報導
- Line@

成本結構

- 營運成本
- 人事成本
- 設備採購與維護

收益來源

產品售出收益
廠商合作利潤

Tip：不要害怕失敗，害怕會帶領你走向卻步，同時帶領你走向失敗。

Tip：選擇自己熱愛的事物，有熱愛才有動能堅持下去。

創業 Q&A

1.生產與作業管理-主力產品的重點里程碑是什麼?

台灣葡萄酒進軍世界

2.行銷管理-公司有什麼公關策略?

在展覽活動推廣

語言髮藝

王竣瑩 Anko
創辦人

有如「回家」的溫馨、有如「家人」的貼心—語言髮藝

「語言髮藝」創辦人-王竣瑩Anko，電機系畢業半路轉行的Anko，憑著對美髮的熱忱、美學的堅持，創立「語言髮藝」，致力打造有如「回到家」的舒適環境與服務，改變造形也滿足心靈。「店名取自兩位女兒名字的其中一字，拼湊出「語言」這個店名，也象徵兩種寓意，一是每位員工對待客人如父母對待孩子在「語言」上的細心溝通。二是也都是寄託著父母對子女的愛。在這裡共同努力的夥伴，也能感受到「家」的氛圍的工作環境，心境自在但不馬虎，提消除不必要職場社交更能提升團隊效率。「語言髮藝」目前規模還在持續成長當中，卻已在客戶、團隊心中占有深刻一席之地。

王竣瑩Anko一「語言髮藝」創辦人，「語言髮藝」創辦人，入行至今20年，起初完全沒有美髮相關經驗，偶然一次的剪髮體驗，讓Anko非常享受沙龍裡的氛圍以及無微不至的服務，也對「理髮」就能讓人煥然一新的技能感到嚮往，期望自己也能投入與「美學」相關之行業。於是Anko詢問店家是否有學徒機會，自此踏上美髮學習之路，途中Anko也曾經嘗試、探索不同領域，餐飲、服務業⋯等，而這些過程讓Anko更加篤定對美髮業的熱忱：結識來自各地的客戶、為客人量身訂做適合的造型、置身「美學」的環境與與氛圍，這些都是Anko熱愛美髮業的原因，也是支持Anko決心創立品牌「語言髮藝」的初衷。

有如「家」一般的溫馨、自在

重視家庭、陪伴的Anko，品牌經營理念上期望帶給客戶、團隊，有如「回家」一樣的舒適感受，Anko知道，「家」才是讓人最能卸下心防的處所，「家人」才是永遠的精神支柱。打造有如「家」一般的環境與氛圍，讓客戶來到這裡能真正敞開心房、安心享受服務，有如與「家人」一般的互動、盡情討論，讓美髮師充分發揮，與客戶攜手打造最驚豔的造型改造，Anko說，雖然「語言髮藝」沒有其他大型品牌的規模、人流上也相較不熱鬧，但「語言髮藝」小小的空間，更拉近了人與人之間的距離、互動，少了人多的吵雜，多了一份靜靜享受改造過程的清幽，「語言髮藝」有如「回家」的舒適氛圍，也漸漸吸引、穩定特定客群，與客戶間的關係也更加緊密。

Anko也期望團隊在這裡工作，就像在「家裡」工作。Anko表示，美髮產業的工作時間長，同事之間勢必有相當多的時間相處、共事，

Anko用「家人」之心態帶領團隊，團隊之間能自在相處、合作，自然能更專注在工作，不必耗費額外精神處理人際關係，舒適環境讓每個員工在這裡工作身心靈都能滿足，團隊向心力及效率自然提升、保持水準。Anko也提供員工比起業界更充裕的休假制度，為的是讓夥伴工作之餘也能有時間陪伴家人。「語言髮藝」致力打造「美學服務」，也細心呵護客戶與夥伴之「心靈」感受。

萬事起頭難，初期即逢疫情高峰

Anko表示創立「語言髮藝」沒有多久，肺炎疫情便席捲而來，重創台灣各大產業，「語言髮藝」也受到波及。「萬事起頭難」初期即遇到如此艱難的大環境，Anko只能這樣安慰自己，從起初的單打獨鬥，漸漸有夥伴加入、一起撐過重重障礙，品牌才漸漸穩定、正式存活下來。支持Anko堅持下去、不輕易放棄的動力來自客戶的肯定，「人要衣裝、佛要金裝」「髮型」有如「服裝」一樣重要，在打扮上也是缺一不可的元素，透過「髮型」賦予客戶耳目一新的樣貌，透過「髮型」客戶更認識自己、也更喜愛自己，每一個滿意的神情、肯定的讚賞，對於Anko來說是從事這份行業最大的喜悅，也是Anko每每遇到困難挫折，也要過關斬將的動力來源。而團隊的支持，也是Anko不輕言放棄的精神支柱，重視家人與陪伴的Anko，背負著照顧團隊的心情與責任，唯有帶領品牌成長茁壯，才能讓團隊有穩定的工作環境。

莫忘初衷、堅持本質

撐過疫情期間的挫敗，Anko對於「語言髮藝」的目標是擴大空間、實施展店計畫，提供現有員工升遷機會，職涯發展更有保障，也期待店面的升級、完善教育訓練，吸引更多志同道合、有意一起為品牌盡心的人加入團隊。

Anko對於也想在美髮產業發展的人給予建議：「莫忘初衷、堅持本質」開店容易、經營難，如果沒有懷抱著創立品牌的初心、忘記投入創業的初衷，經營期間遇到的困難將會動搖你的心智，難以堅持下去。「信念」有如暴風雨中的燈塔，即使目標在狂風中不見天日，但只要看見一絲燈塔的方向，就能有到達彼岸的一天。「語言髮藝」起於對美感的嚮往與追求，承載有如「回家」一般的服務理念，Anko用最誠摯的心，邀請您「回家」剪髮。

語言髮藝 | 商業分享

重要合作

- 各大網路平台合作曝光。

關鍵服務

- 專業精緻剪髮
- 頭皮SPA
- 專業柔膚洗髮
- 護髮及深層護髮
- 專業燙髮
- 客制染髮

價值主張

- 有如「回家」般的自在環境、有如「家人」一般的細心呵護。

顧客關係

- B2C
- 異業合作

客戶群體

- 任何髮型需求之客戶。

核心資源

- 合作緊密之團隊。

渠道通路

- 實體空間
- 官方網站
- 媒體報導
- Line@

成本結構

- 營運成本
- 人事成本

收益來源

顧客收益

Tip：人要衣裝、佛要金裝。
Tip：莫忘初衷、堅持本質。

創業 Q&A

1.生產與作業管理-主力產品的重點里程碑是什麼?

永續經營以家爲中心，在喧鬧城市中找到放鬆的空間，主打親子質感的店面

2.行銷管理-從客戶第一次接觸到成交，一段典型的銷售循環是什麼樣子?

以建議的方式取代強迫推銷，會給客戶下次提案的髮型建議與預約下次時間

3.人力資源管理-團隊的協調如何執行?有特別下功夫在這塊嗎?

一個團隊最重要的需要彼此關心信賴 認真工作以外也必須認真生活擴展眼界 當經營者也必須從基層做起，才能感同身受替人著想。

4.研究發展管理-公司規模想擴大到什麼程度?

目前在缺工缺人原物料齊漲和後疫情時代， 穩定一間店不虧損也是一門學問課題，目前想擴大，讓員工與客人有更寬敞的工作空間與更舒服的消費環境，並未有擴店的打算。

覓靜莊園

邱子豪
經理

夢的實踐者＿感受群山環繞的壯闊 覓靜莊園 築夢 逐夢 足夢

覓靜莊園，創立緣起於一位父親的夢，邱子豪(酷哥)經理自詡夢的實踐者，為務農30多年的父親完成遺願。其父很早就有感於農業經營的困境決定轉型，一開始酷哥並不看好也不熱衷，在父親突然過世後，以思念父親的心情，酷哥結合自身旅遊與服務的專業，為老父親圓夢，成立覓靜莊園。

遵父心願 創業卻一波三折

邱子豪經理坦言一開始並不看好父親的夢想，自己的事業也經營得有聲有色，無意經營父親的夢想，但父親在築夢的3年內，竟因心肌梗塞突然過世，讓全家人相當難過不捨，這個茶園有太多的回憶，當酷哥再度踏上老父親留下的茶園時，他有了不一樣的想法，決定遵循父親心願將茶園轉型露營區，創始初期，也擔心露營所在地偏遠，非一般露營者願意踏足，再者周遭親友的反彈聲浪，擔心其未將父親留下的土地照護妥善，一方面遭到鄰居譏笑，覺得怎麼可能，因此遭受莫大壓力，「只要踏下第一步，就有可能邁向成功」，就在怪手挖下的那一刻，我們開始逐夢了。

露營俱樂部 鎖定親子客群

莊園成立之初即定位其概念為以俱樂部的概念導入露營區內，酷哥以其帶旅遊團工作多年的工作經驗一直在思考，如何讓客人願意多花時間踏足地處偏遠的覓靜莊園，首創覓靜小學堂、星空影院，在短短2.3小時間讓孩子充實開心的享受露營，父母能擁有享受的休憩時間，務求回頭客達20%，在客人不斷回流、推薦下，覓靜莊園逐漸打開知名度名氣，熟客紛紛回訪，新客慕名而來，絡繹不絕。

堅持 讓更多人看見覓靜的好

覓靜莊園海拔1200公尺，天氣佳時更有機會欣賞到美麗雲海、夕陽及滿天星空，絕佳視野與免搭帳的豪華露營，相當適合親子同樂，因此莊園創立之初就鎖定親子客，每一位來到莊園的客人，酷哥會當作是「第一次來」(因為他的腦袋不好使，記不住每一位來過的朋友)，因此覓靜莊園建立一套 sop，不以課程多樣為噱頭，他希望客人來到這裡，享受到的是順應自然或季節的變化，自然而然融入的生態旅程

，客人多數反應極佳。酷哥說自己非企業管理專業，但對經營有獨到的規劃，初期目標「把人留下來」，他希望每個人都能看見覓靜莊園的好，在這裡有太多兒時回憶與對父親的思念，並且以身為父母的心情用心接待每一組到訪的客人；中期目標希望讓客人「把心留下來」，規劃完善的兒童課程，豪華露營，在山尖與大地的距離間，享受大自然的綠，讓父母獲得短暫休息空檔，收穫滿滿的回家，離開後還會想念；而這樣的好，覓靜莊園希望讓更多的人看見，希望把壯闊山景的美分享給更多人，期許自己做的更多，願意踏足莊園的人更多，最後「把人帶進來」。酷哥說，這樣的目標看似簡單，但堅持很難，俱樂部的模式外面相當多營主仿效，如何在課程中以同理心放下身段與孩子溝通、如何維持固定的來客數、如何定位營區並堅持方向，「堅持不一定會成功，但不堅持一定不會成功」。

足夢 創業首重資金 審慎評估能力

而對於創業，酷哥有套自己一番見解，創業過程絕對不是順風順水，首重資金狀況，「空有一番抱負是沒有用的，現實就是要不缺錢，才能成大事」，酷哥就以自身經驗分享，當初創立覓靜莊園是孤注一擲的，若失敗就是全部歸零，因此他要想創業的人確定自己是不是真的想創業，創業要審慎思考，立下確定目標，衡量自身能力，才能勇往前進。當確認資金到位，非玩票性質的創業，必須思考的就是「時間花在哪裡，成就就在哪裡」，務必花費相當多的心思，想創業就要有十二分的投入，最後才有可能成功，在酷哥經理看似輕鬆的言談中，對覓靜莊園創立的一波三折早已雲淡風輕笑談過往，而其中深藏的苦甜滋味，只有經歷過才能真正體會，這也正是創業不變的永恆信念。

覓靜莊園 | 商業分享

重要合作
- 豪華露營

關鍵服務
- 豪華露營
- 兒童課程

價值主張
- 堅持不一定會成功，但不堅持一定不會成功。

顧客關係
- 露營客

客戶群體
- 親子露營客
- 想露營的客群

核心資源
- 實體露營空間
- 專業課程
- 貼心服務

渠道通路
- 舊客引薦
- FB社群
- 實體露營空間

成本結構
- 人事成本
- 設備空間維護更新
- 營運成本

收益來源
營區收入

Tips:築夢逐夢足夢
Tips:只要踏下第一步，就有可能邁向成功
Tips:時間花在哪裡，成就就在哪裡

創業 Q&A

1.生產與作業管理-主力產品的重點里程碑是什麼?

讓接觸大自然也可以很輕鬆,豪華露營導入飯店式的管理模式,讓消費者可以體驗不同的休閒方式,成爲同業間的典範

2.行銷管理-公司有什麼公關策略?

把事情做好,口碑就是最好的公關

3.人力資源管理-團隊的協調如何執行?有特別下功夫在這塊嗎?

我們將團隊視爲家一般的存在，經常透過激勵活動、鼓勵的方式，讓團隊可以持續不斷的凝聚在一起。

4.研究發展管理-公司規模想擴大到什麼程度?

我們有自有生產工廠，品質控管得宜，除了擴展加盟也會運用各種新穎模式販售。

晶漾金飾 鑽石婚戒專賣店

楊鈞勝
經理

貨眞價實的「喜悅」、喜悅永流存-晶漾金飾鑽石婚戒專賣店

楊鈞勝經理，因為一次購買珠寶的不良體驗，引發楊經理想要更深入學習珠寶的渴望，從十幾歲就開始在珠寶櫃位實習。珠寶首飾，象徵著人生某些重要時刻：滿月、成年、步入禮堂、生日大壽…，本著為客戶「紀錄時刻」、「傳遞幸福」的核心理念，楊經理創立「晶漾金飾鑽石婚戒專賣店」，擁有自己的設計團隊、與海外專業技師合作，主打「高品質」、「客製化」服務，並結合「3D列印技術」，精準製作獨一無二的原創首飾，滿足客戶各式需求、全方位服務，一站式解決繁瑣選購流程。

實在的品質、貨眞價實的喜悅

「晶漾金飾鑽石婚戒專賣店」創辦人-楊鈞勝經理，因為過去家人購買珠寶的負面經驗，引起楊經理對珠寶的興趣及深入瞭解的動力，楊經理十幾歲的時候即在珠寶產業就業。「珠寶」、「首飾」對於客戶的意義不僅僅是外在打扮的點綴，更象徵幸福時光永恆保存在此時此刻，楊經理期望成為「傳遞幸福」的角色，見證客戶的美好時刻，創立「晶漾金飾鑽石婚戒專賣店」，嚴格把關品質，讓消費者有保證，無微不至的尊榮服務，讓客戶在挑選過程備受呵護。「晶漾」與客戶攜手打造，「實實在在」、「貨真價實」的喜悅。

品質至上、五星級的服務流程

曾經也是「消費者」的楊經理，十分清楚消費者在選購珠寶面對的困境及考量。「品質至上」是「晶漾金飾」給予客戶的一大承諾，在「晶漾」購買的鑽石皆有國際GIA鑽石認證，載明珠寶的「身世背景」，在市場上也有一定的保值優勢。品質令人放心，連服務都是「五星級」規格，從一踏入店裡的茶點供應到貴賓專屬休息室，「晶漾」致力提供舒適空間、尊榮服務，讓顧客在挑選過程備受呵護與尊重。

「客製化」一直是傳統銀樓、金工產業不願嘗試的服務策略，因為製程更加繁鎖、耗時，如果客戶改變心意想修改細節，甚至不想訂製了，前期成本及後續處理對店家都是自行吸收。然而，楊經理並不把「客製化」視為對品牌的妨礙，而是將此服務發揮淋漓盡致，「晶漾」擁有自己的設計團隊、金工團隊，滿足客戶多樣化、獨創性需求，楊總說許多客戶選擇「晶漾」就是因為這裡的款式多、不「撞款」，「客製化」是晶漾與眾不同的一大特色。

打破「零到一」困境，贏得客戶信任

楊經理分享進入珠寶業所遇到的困難與挫折，說明這一行業如果沒有相關產業人士引領入門，一般人是很難接觸到的，再來是入門的成本極高，也非一般人就能有如此的資本投入，導致珠寶產業風氣較為「封閉」，許少有「新血」、「新興」品牌投入珠寶業。這也影響了消費者在品牌選擇上，往往習慣找熟悉的、聽過的品牌，對於創立初期的「晶漾」要博取顧客的信任，很是吃力，楊經理回想，這「零到一」的過程是最艱困的，但楊經理一路堅持，只要懷著「傳遞幸福」的理念，心態就能過關斬將、排除萬難，到現在，還會遇到客戶主動介紹友人來晶漾，並且向友人「掛保證」：這家我買過，品質你不用擔心！客戶的信任，是「晶漾」持續下去的最大動力。

充實經驗、不怕失敗

對於也想投入珠寶業的人，楊經理給予建議，勢必要加強補足對珠寶首飾的專業知識，珠寶業講求「信任」，賣方具備專業、誠信，才能獲得客戶的信賴。楊經理初期剛踏入珠寶業，也曾回收過不少以假亂真的「贗品」，楊經理笑說這些都是花錢「買經驗」，而這些「經驗值」也成為楊經理未來創業的重要資產，因此充實自己、累積經驗，對於想創業的人是必經歷程。

楊經理回想起十幾歲的自己，因為資歷淺，在百貨櫃上被客人數落；回憶起「晶漾」從「零到一」的歷程，初期的營業額慘不忍睹，到現在，「晶漾」已拓展到四家分店、顧客不只指名選擇「晶漾」，還主動介紹友人前來…。楊經理分享支持他一路挺過挫折、排除障礙的心法：「不怕失敗的決心、堅定的意志力」將挫折轉化成動力，將壓力化成養分，以堅定的心，堅持直到夢想成真。

晶漾金飾鑽石婚戒專賣店｜商業分享

重要合作

- 與海外專業技師長期合作

關鍵服務

- 高品質、來源有保障之珠寶，「客製化」、「3D列印技術」精準還原客戶的想要的設計。

價值主張

- 「傳遞幸福」、「見證時刻」用珠寶、首飾陪伴客戶紀錄人生重大時刻。

顧客關係

- B2B
- B2C
- 異業合作

客戶群體

- 任何有珠寶首飾金工需求之客戶。

核心資源

- 專業設計團隊
- 專業技術

渠道通路

- 實體空間
- 官方網站
- 媒體報導
- Line@

成本結構

- 營運成本
- 人事成本

收益來源

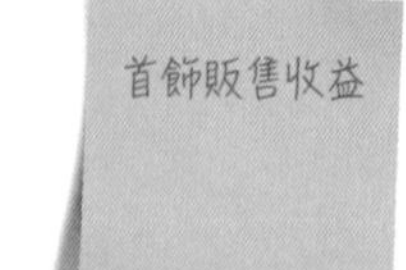

Tip：「傳遞幸福」的角色，見證客戶的美好時刻。

Tip：將挫折轉化成動力，將壓力化成養分，以堅定的心，堅持直到夢想成真。

創業 Q&A

1.有沒有想幫產品再多加兩三個關鍵特色?如果要加那會是什麼?

讓商品不在只有功能性而是扮演傳承世代、延續幸福的關鍵信物。

2.公司目前如何行銷自家產品或服務?如果還沒開始，有什麼行銷計畫?

目前透過網路搜尋關鍵字優化，讓相關性關鍵字自然搜尋排進首頁，使消費者搜尋爲第一優先納入口袋名單、透過品牌視覺效果及實體寬敞舒適的空間體驗讓消費者自行產生口碑推薦由主顧客帶領新客戶

3.短期內還有什麼需要補進來的關鍵角色嗎?

需要品牌長期規劃提案執行的企劃、發想檔期活動、整合各間廣告平台的夥伴，以及影片拍攝剪輯師的加入，發展短影片因應未來趨勢。

4.公司規模想擴大到什麼程度?

插旗全台各縣市皆有分店，深化在地化服務。

5.成長增速可能會遇到哪些阻礙?

資金的挹注及人員培訓的速度。

溯印-soul

劉婉婷
回溯催眠教練

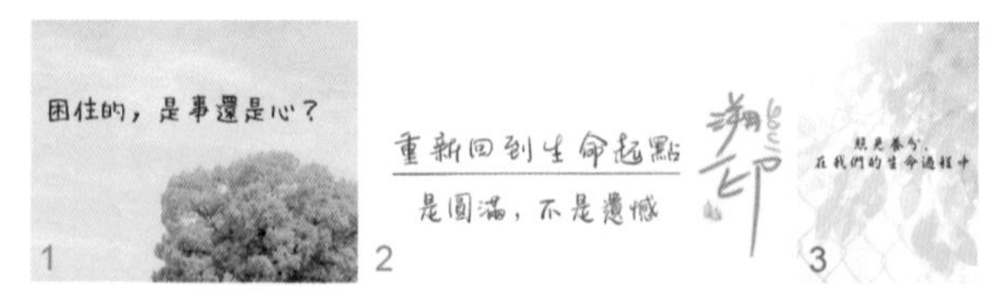

1 2 3

回溯生命印記、開啟人生新旅程- 溯印Soul

回溯催眠教練－劉婉婷，曾經，我跟大家一樣。面對人生許多難以跨越的關卡，想方設法，想找到出口，想找到答案。偶然的機會下，我帶著好奇與期待的心情，體驗了回溯催眠。與催眠教練彼此擁有信任的基礎下，其引導讓我很快進到，與我議題相關的回溯狀態裡，真的是一次很難忘的經驗。實在無法用文字表達內心的悸動，有機會你們一定要親自體驗看看。

目標導向的回溯催眠是有意義的

「催眠教練」以目標為導向，就像健身房的教練一樣，以個案的需求為目標，朝著個案想要的方向前進。每個人的生命議題，並沒有對錯，只是任何的決定與選擇，自己都要負責。我相當尊重個案的需求，最後仍是個案想要怎樣的人生，而不是身為引導者的我們，覺得什麼樣的人生是適合個案的。為了讓當天的回溯更順利進行，我習慣事前與個案進行一對一的對談，讓個案清楚了解整個流程。

透過回溯，圓滿人生的遺憾

現實的時間，回不到過去，回不到心中曾經的那個遺憾。如果我能重新選擇，我會……

在回溯催眠的領域裡，時間線是可移動的。我們能同時回到過去，看見現在，去到未來。

生命的課題，現在看到的，其實是結果。透過回溯，可移動的時間線，潛意識帶著我們找到真正的卡點，甚至是放不下的遺憾。

個案總反饋告訴我，短短的三個小時，他們好像穿越了不同的時空，看見不同的自己，像是空拍機一樣，一覽無遺。顛覆了本來的思維模式，也察覺自身固有習性的執著。

透過不同個案所累積的人生議題，深深感受到生命賦予我們的廣度與深度。於是，我決定投身在回溯催眠的領域裡，希望跟個案一起圓滿遺憾，看見生命議題，有更多的可能性。

「溯印」提供一對一回溯催眠的服務，更有客製化的專屬療育課程，提供個案不同的議題需求。

負有社會責任的選擇

各行各業都有辛苦的一面，能夠一直堅持的原因，是專業與熱情。身為催眠教練，必須能夠客觀的陪伴個案，面對議題，才能順利引導整

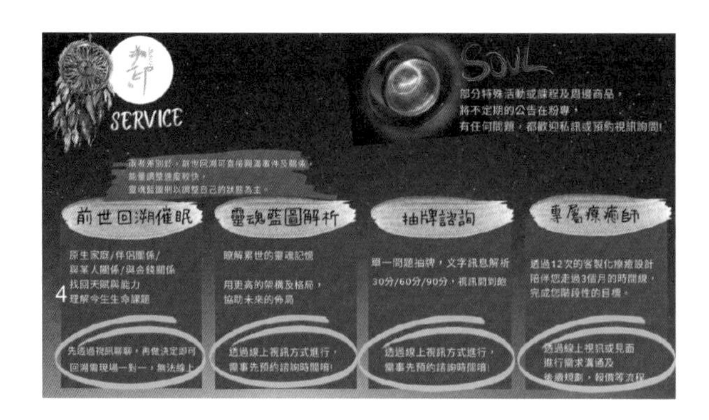

個流程的進行。生活本來就不容易，來到這裡，只需全然地做你自己。卸下不得不偽裝的堅強、暫時放下生活的重擔。在這裡，情緒不需要壓抑，甚至痛快的大哭一場，都是被支持的。情緒能夠全然釋放，是一個人願意打開心房的表現。個案全然的信任，是身為催眠教練最感動的事。滿滿的熱忱支持著我，持續為個案服務，並且透過客製化的一對一課程，協助個案學會如何自我療癒、探索更多生命議題，幫助每個人，更有勇氣面對未來。

回歸日常、活在當下

所有的療癒，都在幫助自己過著自己想要的生活。我只是提供一個途徑，陪伴著大家。我很感恩，能夠參與這麼多個案的生命歷程，個案們，真的很勇敢。

因為感受到改變的力量，後來很多個案也想踏入身心靈產業，請務必記得，我們也是人，有情緒上的喜怒哀樂，有個人的主觀想法。今天能背負起如此神聖的任務，要更能夠覺察自身的起心動念，以「善」的心態處之泰然，以「正念」的方向為人解惑。特別的是要「接地氣」，不要刻意追求「靈通能力」，所有體會與領悟，回歸到日常、運用在生活，才能利人又利己。

溯印-soul ｜ 商業分享

- 各大機構
- 企業合作

- 透過回溯催眠，圓滿自己的生命。

- 給予客戶十足的「安全感」與「信任度」。

- C2C

- 任何期望透過身心靈療癒法解決問題之民眾。

核心資源

- 回溯催眠教練多年之經驗。

渠道通路

- 實體空間
- 官方網站
- 媒體報導
- Line@

- 營運成本
- 人事成本

顧客收益

Tip：透過回溯，圓滿放不下的遺憾

Tip：所有行為，回歸到日常、運用在生活，才能利人又利己。

創業 Q&A

1.生產與作業管理-如何精準的執行在目標上?

事前的溝通、真正了解個案的需求。

2.行銷管理-公司目前如何行銷自家產品或服務?如果還沒開始，有什麼行銷計畫?

粉專的廣告、個案的推薦。

我仍希望能紮實的服務來諮詢的個案，所以還是維持目前的方式。

3.人力資源管理-合作對象的選擇和注意點?

身心靈產業，要能真正的感動人心， 這份心意才能延續。所以，在合作對象上的選擇，良善的出發點跟初衷，是最重要的。

4.財務管理-成長增速可能會遇到哪些阻礙?

身心靈的領域，很難能夠量產增速， 一對一的方式，雖然緩慢，卻是紮紮實實的每一步。

建燁數位牙體技術所

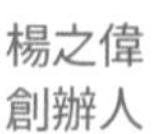

楊之偉
創辦人

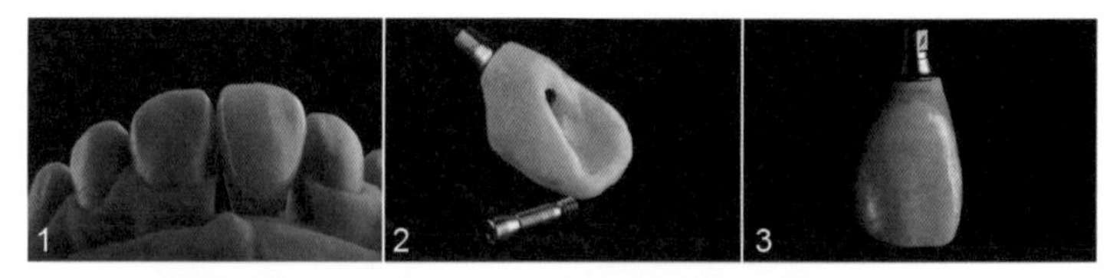

堅持不懈的職人精神，匠心獨運打造完美牙體
—建燁數位牙體技術所

楊之偉，建燁數位牙體技術所的負責人。傳承父親手藝，以傳統的瓷牙，加入科技技術，致力全面的數位轉型，期望給予消費者、技術師，更好的瓷牙品質與產業環境。

對父親辛勞的一份的體恤，帶著堅持一路走下去

半夜傳來陣陣燒瓷聲響，甚至響徹整個夜晚。小時候的楊之偉負責人從朦朧中醒來，發現父親努力趕工稍後交貨的瓷牙，夜晚的聲響、父親不眠不休的背影，是楊之偉負責人對這職業的第一印象。

一日復一日，也許是被每日聲響吵得受不了，又或者是一份體恤父親辛勞的新，就學中的楊之偉負責人對著父親說：「讓我一起幫忙吧！我學這項技術，分擔一些工作。」

就這樣，楊之偉負責人當起了瓷牙學徒。跟著師傅經驗慢慢學習，一開始對於楊之偉負責人充滿的挑戰與困難。學徒制靠著師傅的經驗教學，毫無系統化的可言，更無理論的佐證，當楊之偉負責人提出疑問時，師傅總是會說：「這樣做就對了！」就這樣跌跌撞撞，直到中臺科技大學進修時，透過與老師、同學交流才發現，過去的視野太過侷限，知識的累積、業界相互交流，讓楊之偉負責人萌起將傳統技術與科技結合的想法。

建燁數位牙體技術所宗旨—溝通、誠信、態度、效率，打造物超所值

建燁數位牙體技術所是由二代負責人—楊之偉經營。從民國68年由楊之偉父親以傳統瓷牙製造發展至今，目前由楊之偉負責人經營，透過數位化轉型，運用高科技設備、數位化設計，讓瓷牙製造更加精密與高品質，不論是瓷塊材料上的運用、染色技巧的掌握，讓打造出來的瓷牙能夠維持穩定品質。

楊之偉負責人強調經營重要的是溝通、誠信、態度與效率，打造物超所值產品給予消費者。現代「溝通」十分重要，是搭起技術師與消費者聯繫的橋梁。相較於父親的年代，現代不論是醫生或病人都比過往更加的專業，需要雙向溝通達成彼此期待；「誠信」，是經營的核心，建燁產品都有保固服務，展現出對品質的堅持與信心，使用合格原料，高專業製作每一顆瓷牙；「態度」，保持謙

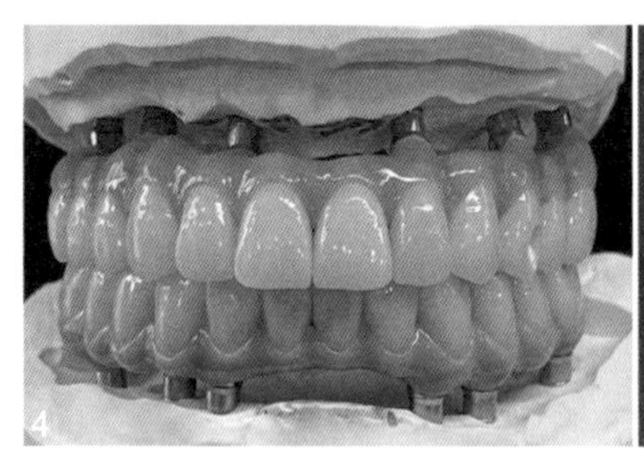

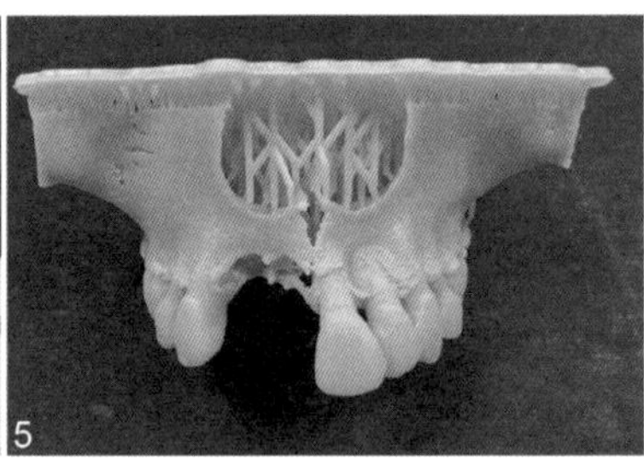

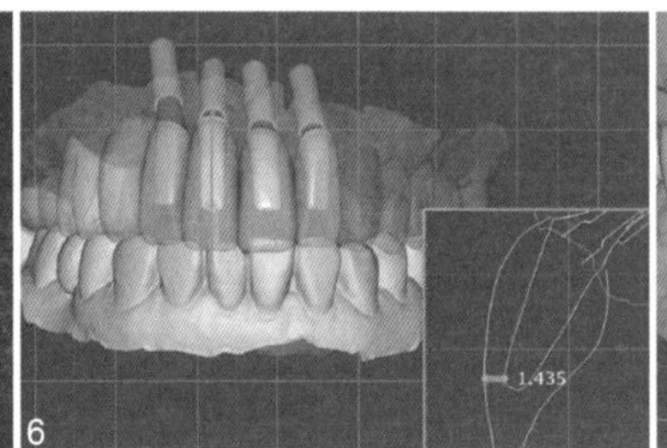

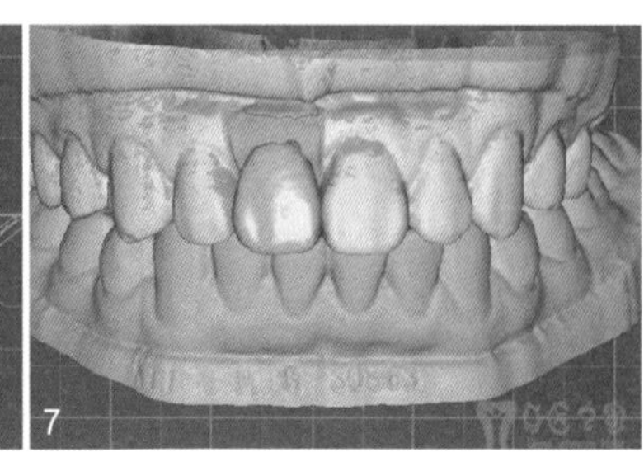

處才能帶領自己不斷向前努力；「效率」透過數位化轉型，消費者不用北中南到處跑就能以高效率完成，也是建燁數位牙體技術所與他品牌差異化競爭力。楊之偉負責人希望能夠用合理價格、超值品質，讓更多消費者可以使用到全瓷冠，打造「物超所值」，用心為每位客戶著想。

世代溝通困難重重，成爲創業契機與追尋目標

到中臺科技大學進修後，楊之偉負責人積極想結合技術與科技設備，讓瓷牙事業能夠達到數位化轉型，然而父親卻不這麼認為，幾次溝通無果，楊之偉負責人便萌起創業想法。創業初期資金不足，所幸靠著楊之偉負責人善於交際手腕，獲得不少訂單，但是因為經驗不足、專業技術也不夠深厚，努力撐了約三年的時間，靠著交際手腕獲得的訂單，終究一個都沒有留住。這件事也讓楊之偉負責人深深了解到—「靠著交際應酬，品牌是無法走得長久，到頭來看得還是技術。」歷經挫折的楊之偉負責人並沒有因此退縮，不斷調整與努力找出克服方法。某一次接到大訂單，卻因為狀態不佳遲遲無法順利交貨。因藥物而嗜睡的楊之偉負責人昏睡中夢到助理打電話催促訂單商品何時會送達，這一問讓楊之偉負責人立即驚醒起身趕工，精神與身體狀態極佳，也讓楊之偉負責人順利交貨。楊之偉負責人認為，因為那個過於真實的夢境，讓他心境上有了改變與轉折。

創業需要有專業、企圖心，還有堅定的毅力

對於建燁數位牙體技術所為來發展，楊之偉負責人希望短期目標能夠提升培養技術師的溝通能力；中期目標，讓品牌持續拓點店面，導入的數位化技術縮短距離上的限制，透過掃描、模型列印，數十分鐘內就可以執行瓷牙的製作，透過拓點擴大數位化效益；長期目標期望能設立牙體技術訓練教室，栽培更多由秀人才。

楊之偉負責人建議每位創業者，創業最重要的不是資金，而是紮實技能、不斷學習精進的上進心、堅持不懈的毅力，放棄的那一刻也許就成功的前一秒，就像跑馬拉松一樣，30公里時是最痛苦的，度過迎接的是美好時刻。

建燁數位牙體技術所 ｜ 商業分享

重要合作

- 瓷牙技術
- 數位化設計

關鍵服務

- 瓷牙技術
- 數位化設計

價值主張

- 建燁數位牙體技術所宗旨—溝通、誠信、態度、效率，打造物超所值

顧客關係

- 瓷牙技術
- 評估服務

客戶群體

- 一般大衆

核心資源

- 產業經驗
- 專業技術

渠道通路

- 牙醫診所

成本結構

- 營運成本
- 人事成本
- 設備採購與維護

收益來源

瓷牙技術

Tip：溝通、誠信、態度、效率，打造物超所值

Tip：保持謙虛，即使在山頂，山下的人總會迎頭趕上

Tip：創業需要有專業、企圖心，還有堅定的毅力

創業 Q&A

1.如何精準的執行在目標上?

專注在目標上，思索各項目精進的方向，制定多種方案後，選定最可行的方式立即著手進行，隨時與夥伴做檢討與方案改良，只有將想法實際實行之後，才能將目標確實往前推進。

2.公司目前如何行銷自家產品或服務?如果還沒開始，有什麼行銷計畫?

建烽選擇的，從來都不是譁衆取寵的路線，因爲我們深知，每一顆假牙都關係著每位患者的健康與生活，希望透過臨床的合作，讓醫師親自感受到，建烽對於每一個細節的用心與堅持。

3.團隊的協調如何執行?有特別下功夫在這塊嗎?

團隊文化的養成，非一朝一夕或是一個人就能完成，建烽這幾年也面臨人員分工、協調的挑戰，深刻體會到制度、程序、系統化的重要，用「感性」只能處理情緒，理性的訂定規章才能讓大家一起看到前進的方向。

4.成長增速可能會遇到哪些阻礙?

公司成長就是一個挑戰升級打怪的過程，隨著級別不同，會碰到不同層面的問題，但總是離不開資金、人事、產品品質與競爭力、市場趨勢....等等，從一個人到一個團隊，經營的理念跟模式也不盡相同，在各種碰撞跟意見分歧出現時，要如何溝通排解，思考如何制定系統化的規章，讓伙伴們各司其職，發揮團隊最大的效率。

裕益製藥

沈裕益
董事長

一生只專注做一件事，堅持只爲成就完美—裕益製藥

沈裕益，裕益製藥有限公司董事長。完成學業後便進入中藥批發產業，因為看見大環境改變，毅然決然決定創立裕益製藥廠，開創另一番事業藍圖。沈裕益堅持、且專一製作龜鹿二仙膠，將品質做到最好，給予消費者安心食用。

畢生致力中藥產業，花八年時間創建中藥廠

沈裕益董事長出生於雲林斗六，父母親皆是務農，所以從小家境並不富裕。因此為了生存下去，父母親總是時常對沈裕益董事長諄諄教誨—「不要怕苦怕累，任何事情一定要用心做到最好！」這也深深影響到沈裕益董事長人生觀與做事態度。從高中半工半讀到畢業退伍後，因為有親戚在從事中藥材批發工作，沈裕益董事長開始接觸中藥批發，然而一做就是四十年。

秉持著腳踏實地、勇於學習的態度，讓沈裕益董事長在中藥材批發事業中，蒸蒸日上，原以為將就此一帆風順，卻隨著全民健保政策的推動，讓整個中藥產業受到很大的衝擊，看見大環境的改變，沈裕益董事長決定奮力一搏，投入製藥領域，創建裕益製藥廠，開啟另番事業。

從製藥門外漢，用堅持與努力成爲全台第一家通過GMP認證傳統製藥廠

說起創業初期，沈裕益董事長感嘆說道，當時確實不容易，雖然他擁有四十年的中藥產業經驗，但是在製藥領域卻是紮紮實實的門外漢。幸好獲得兒女們支持，紛紛返鄉運用自身的學識經驗，來支持沈裕益董事長的製藥心願。

更因為知道自己的不足，沈裕益董事長懷著需心態度學習，也告訴自己—「不要害怕請教他人，並且要勇於學習」，在不斷摸索、請教，經歷多次的溝通說明，終於找出方法，設計出製造龜鹿二仙膠的特殊設備，也順利完成建廠，並獲得國家級GMP認證肯定，更是全台第一家通過認證的傳統製藥廠。過程中經歷許多困難、花費八年時間與心血，但是為追求最好，沈裕益董事長認為一切都算值得。

因爲堅持，所以與衆不同！經過千年淬煉的保養聖品—龜鹿二仙膠

「既然走在最前端，就要一直做到最好！」即使拿到全台第一間通過GMP傳統製藥廠的殊榮，沈裕益董事長認為仍然不可以停下精進的腳步，要不斷改善與檢討，懷著虛心才能不忘初衷—永遠給消費者最高品質、最安心的產品。

沈裕益董事長也分享到，做研究總是最辛苦的一段經歷，中藥材有別於西藥的製程，還有「龜鹿二仙膠」產品的特殊性。一般藥廠通常將龜鹿二仙膠製作到膏脂狀後，就會進行封膜裝箱，但是沈裕益董事長認為，龜鹿二仙膠的精隨在於「煉製」才能讓成份更精純，因此裕益製藥產出的龜鹿二仙膠，需要經歷三到四個月的熟成，比起市面上產品更為耗時耗成本，但是能給予消費者更好的滋補與產品，沈裕益董事長認為這一切都是有價值的！

除此之外，龜鹿二仙膠本身營養豐富含量高，更容易長菌。因此在熟成存放階段需要乾淨環境，也是在製廠時遇到的難題，幸好沈裕益董事長與團隊靠著堅持一一克服，建立實驗時掌控產品前期、中期、後期的品質管控。

對於自家產品—龜鹿二仙膠，沈裕益董事長露出滿滿自信，龜鹿二仙膠屬於中性的中藥補品，用途與功能十分多元，可以強化筋骨、有助於精神提升，更年期婦女骨質疏鬆問題也是很好的補品。沈裕益董事長也提及，自行研究設備、建廠，花費更多成本達到高品質，只為了讓消費者吃到最好的。

秉直職人精神—每件事，都要做到最好！

當有人問起—為何花費心血蓋廠八年，卻只願意專注單一產線、生產單一產品呢？這和沈裕益董事長身上「職人精神」有關。沈裕益董事

當有人問起—為何花費心血蓋廠八年，卻只願意專注單一產線、生產單一產品呢？這和沈裕益董事長身上「職人精神」有關。沈裕益董事長認為—每件事，都要做到最好！從產品原料、製程、包裝與販售，層層細節都不願意馬虎，因為一不小心就會造成品質上的缺點，因此沈裕益董事長以一條龍服務，做到品質上的全面管控。

沈裕益董事長也提到—好的東西，就是要堅持並傳承。當然不是指就此一成不變，他們仍會秉持開放心態不斷進步，思考如何可以做得更好，把事情做到零缺點。

裕益製藥 | 商業分享

重要合作

- GMP藥廠認證
- 自有設備技術

關鍵服務

- 龜鹿二仙膠
- (熟成技術)
- GMP藥廠認證

價值主張

- 「既然走在最前端，就要一直做到最好!」即使拿到全台第一間通過GMP傳統製藥廠的殊榮，沈裕益董事長認為仍然不可以停下精進的腳步，要不斷改善與檢討，懷著虛心才能不忘初衷—永遠給消費者最高品質、最安心的產品。

顧客關係

- 一般大衆
- 各年齡層
- 術後病後體虛

客戶群體

- 一般大衆
- 各年齡層
- 術後病後體虛

核心資源

- 產業經驗
- 專業技術
- 製藥廠

渠道通路

- 門市
- 官網
- 社群(Facebook/line)

成本結構

- 營運成本
- 人事成本
- 設備採購與維護

收益來源

產品銷售

Tip：一生只專注做一件事，堅持只為成就完美

Tip：每件事，都要做到最好！

Tip：既然走在最前端，就要一直做到最好！」

Tip：把事情做到零缺點。

創業 Q&A

我獨
創角
業，
UNIKORN
UNIKORN
UNIKORN
UNIKORN
裕益製藥
SCAN
ME
LIVE
tel: 0800-660-333
官網: 裕益製藥
add: 雲林縣斗南鎮仁愛路40號5

關於這本書的誕生

我們邀請到「我創業我獨角」的總監 Bella 及專案執行 Andy 來訪談這次書籍的起源，以及未來獨角傳媒的走向。
Andy 以下簡稱 (A), Bella 簡稱 (B), 採訪編輯 Flora 簡稱 (F)

F: 爲什麼會想做獨角傳媒？

A: 我們創辦享時空間，以共享的概念做爲發想，期望能創立讓創 業家舒適的環境，也想翻轉傳統對於辦公室租借封閉和沉悶的印象。 而獨角傳媒是以未來可以獨立運行爲前提的一個新創事業群。

B: 進駐空間的客戶以創業者和個人工作室爲主，我們發現有許多 優秀的企業家，他們的故事都很值得被看見，很多企業的商品、服 務以及他們的創立初衷都很精采。中小企業是台灣經濟的支柱，有很多優秀的新創團隊也正在萌芽，獨角傳媒事業群因此而誕生。

A: 就像 Bella 說的，目前傳統媒體看到的都是大型企業甚是上市櫃公司企業家的報導，但在那之前每一家初創企業從 0 到 1 到 100 看到的更是精實創業的創業家精神，而獨角的創業家精神，就是讓每一位正走在 0 到 1 到 100 階段的創業家，都能成爲新媒體的主角，也正如我們創辦享時空間的初衷就是讓創業者可以幫助創業者。

B: Andy 就像是船長一樣，會帶領我們應該要去的方向，這讓我們很有安心感也清晰自己的目標我們要協助台灣創造出更多的企業獨角獸。

F: 爲何會以出版業爲主？在許多人認爲這已經是夕陽產業的這個時期？

A: 我們認爲書籍的優勢現在還不容易被其他媒材取代、專業度、 信任感以及長尾效應，喜歡翻開紙本書籍的人也大有人在，市面上也確實有各種類的創業書籍持續在出版，因此我們認爲前景相當可行。

B: 因爲夕陽無限好（笑），就如同 Andy 哥所說，書籍的優勢和書本特有的溫度，其實看書的人不如想像中的少，爲了與時俱進，我們同步以電子書和紙本書籍在誠品金石堂等通路上架，包含製作了網站預購頁面，還有線上直播，整合線上線下的優勢，希望以更多元的型態，將價值呈現給大家。

F: 做了業界唯一直播創業故事，這個發想怎麼來的？

A: 先把價值做到，客戶來到空間受訪，感受到我們對採訪的用心和專業，以及這本書籍的價值和未來預期的收穫讓企業家親自感受。

B: 過程的演變當然是循序漸進的，一開始的模式跟現在完全不同！經過一次又一次的修改，發現像廣播室或是帶狀節目的型態 很適合我們想傳達的內容，因此才有這樣的創業心路歷程的企業專訪。

F: 過程中有遇到什麼困難？

A: 一開始也會有質疑聲浪，也嘗試了很多種方法，過程需要快速調整。但我們仍有信心獨角傳媒會變得越來越強大，獨角聚也是我們很期待的商業聚會，企業家們能夠從中找到能夠合作的對象，或有更多擴展自己事業版圖的機會。

B: 書籍的籌備需要企業家共同協助這過程很不容易，每個人都是很重要的，因爲業界有許多不同型態的創業書籍，做全新的模式，許多人一開始不瞭解會誤解我們，透過不斷的調整，希望能跳脫過去大家對於書籍廣告認購模式的想法。

F: 希望透過這件事情，傳遞什麼訊息？

A: 讓對於創業有熱情有想法的年輕人可以獲得更多資源協助。 也能夠讓更多人瞭解商業模式的架構與內容。

B: 提供不同面向的價值 , 像是我們與環保團體合作爲地球盡一 份心力，想告訴讀者獨角這家企業出版的成品除了分享 , 還有提 高的附加價值。台灣有很多很棒的企業故事，企業的前期很需要被看見的機會，因此我們創造這樣的平台協助他們。以消費者的角度，我們也希望購買書籍的人能夠透過這些故事得到更多啟發和刺激，有新的創意發想 , 幫助想創業的朋友少走一些冤枉路。

F: 那對於我創業我獨角的系列書籍，有甚麼樣的期許呢？

A: 成爲穩定出版的刊物，未來一個月一本的方式，期待計畫做到訂閱制的期刊。

B: 一定要不斷的進化，每一次都要做得比之前更好，目前我們已經專訪超過上千家企業，並以指數成長，當大家更認識獨角傳媒和「我創業，我獨角」系列書籍 , 就可以更有影響力，讓更多有價值的內容透過獨角傳媒發光發熱。

UBC 獨角聚

UNIKORN BUSINESS CLUB

不是獨角不聚頭　最佳的商業夥伴盡在 UBC

台灣在首次發布的「國家創業環境指數」排名全球第 4，表現相當優 異，代表台灣的新創能力相當具有競爭力，我們應該對自己更有信 心。當看見國家新創品牌 Startup Island TAIWAN 誕生，透過政府 與民間共同攜手合作，將國家新創品牌推向全球的同時，我們也同樣在民間投入了推動力量，促成 Next Taiwan Startup 媒體品牌，除了透過『我創業我獨角』系列書籍，將台灣創業的故事記錄下來，我們更進一步催生了『UBC 獨角聚商務俱樂部』，透過每一期的新 書發表會的同時，讓每一期收錄創業故事的創業家們可以齊聚一堂，除了一起見證書籍上市的喜悅外，也能讓所有的企業主能夠透過彼此的交流，激盪出不同的合作契機，未來每一期的新書發表，也代表每 一場獨角聚的商機，相信不是獨角不聚頭，最佳的商業夥伴盡在獨角聚，未來讓我們一期一會，從台灣攜手走向全世界。

Next Taiwan Startup 品牌故事與願景

「獨角傳媒以紀錄、分享各大行業的奮鬥史 爲企業使命，每一季遴選 200 家具有潛力的企業品牌參與創業故事專訪報導，提供創業家一個立足台灣、放眼全球的新媒體平台，希望將台灣品牌推向全球，協助創業家站上國際舞台。截至 2021 年 9 月，歷時四個季度，已遴選累積近 1000 位台灣創業家完成企業專訪，將企業的創業故事及心路歷程，透過新媒體推送至全球各大主流影音媒體平台，讓國際看見台灣人拼搏努力的創業家精神。

獨角傳媒總監 羅芷羚表示 :「近期政府爲強化臺灣新創的國際知 名度 , 國家發展委員會了透過『我創業我獨角』系列書籍 , 將台灣創業的故事記錄下來 , 我們更進一步催生了『UBC 獨角聚商務俱樂部』, 透過每一期的新 書發表會的同時 , 讓每一期收錄創業故事的創業家們可以齊聚一堂 , 除了一起見證書籍上市的喜悅外 , 也能讓所有的企業主能夠透過彼此的交流 , 激盪出不同的合作契機 , 未來每一期的新書發表 , 也代表每 一場獨角聚的商機 , 相信不是獨角不聚頭 , 最佳的商業夥伴盡在獨角聚 , 未來讓我們一期一會 , 從台灣攜手走向全世界。國發會) 在國家新創品牌 Startup Island TAIWAN 的基礎上，進一步推動 NEXT BIG 新創明日之星計畫，經由新創社群及業界領袖共同推薦 9 家指標型新創成爲 NEXT BIG 典範代表，讓國際看到我國源源不絕的創業能量，帶動臺灣以 Startup Island TAIWAN 之姿站世界舞台。」獨角傳媒總監羅芷羚補充 :「全台企業有 98% 是由中小企業所組成的，除了政府努力推動領頭企業躍身國際外，我們是不是也能爲台灣在地企業做出貢獻，有鑒於在台創業失敗率極高，如果政府和民間共同攜手努力，相信能幫助更多台灣的創業家多走一 哩路。」因而打造全新一季的台灣在地企業專訪媒體形象「NEXT TAIWAN STARTUP」，盼能透過百位線上專訪主播的計劃 , 發掘更多台灣在地的創業故事紀錄並透過此計畫，分享更多台灣百年的企業品牌的創業經驗傳承。獨角以爲專訪並非大型或領先企業的專利，「NEXT TAIWAN STARTUP」媒體形象，代表是台灣在地的創業家精神，無關品牌新舊大小 , 無論時代如何，會有一位又一位的台灣創業家，以初心出發力讓這個世界變得更好，而每一個創業家的起心動念都值得被更多人看見。

一書一樹簡介

One Book One Tree 你買一本書 我種一棵樹

爲什麼要推動一書一樹計畫？文化出版與地球環境是共生的，你知道嗎？在台灣大家都習慣在有折扣條件下購買書籍，有很多實體書店和出版社，正逐漸在消失中！

UniKorn 正推動 ONE BOOK ONE TREE

一書一樹計畫 - 你買一本原價書，我爲你種一棵樹。我們鼓勵您透過買原價書來支持書店和出版社，我們也邀請更多書店和出版社一起加入這個計畫。

我們的合作夥伴 “One Tree Planted”是國際非營利綠色慈善組織，致力於全球的造林事業。One Tree Planted 的造林目的是在重建受自然災害和森林砍伐的森林。這不僅有益於大自然和全球氣溫， 還改善因自然災禍受到牽連地區的生態環境。

爲什麼選擇植樹造林？

改善氣候變遷和減低碳排放量的最佳方法之一就是植樹。一顆普通熟齡的樹木，每年能夠阻隔 48 磅碳。隨著全球森林繼續的砍伐和破壞，我們的植樹造林計畫，將會爲我們淨化未來幾年的空氣，讓我們能繼續安心的呼吸新鮮空氣。

每預購 1 本原價書，我們就爲你在地球種 1 棵樹。

一本書，可以種下一粒夢想　一顆樹，可以開始一片森林

立即預購支持愛地球

獨角傳媒｜工作夥伴

總監：羅芷羚 / Bella
職場多工高核心處理器功能 /
喜歡旅遊跟傳遞美好的事物
大到公司決策，小到心靈 溝通，挑戰人生實現夢想。「你們要先求他的國和他的義，這些東西都要加給你們了。」(Matt 6:33)

專案執行：廖俊愷 / Andy Liao
連續創業尚未出場 / 創業 15 年 /
奉行精實創業法 / 愛畫商業模式圖
鼓勵每個人一生都要創業一次，夢想 10 年後和女兒 NiNi 一起創業。「我靠著那加給我力量的，凡事都能做。」(Phil 4:13)

IT 部門：李孟蓉 / Gina
被說奇怪會很開心的水瓶座
將創業家的故事以流行的直播方式作為曝光並以各種影音形式上傳至各大平台，將各個創業心路歷程及品牌向全世界宣傳。
(心聲：整天關注並求點閱率提高)

採訪編輯：吳沛彤 / Penny
喜歡冥想，覺得人生就是一場修行，
裹著年輕軀殼的老靈魂
開發各種產業並找到企業的特色與價值，每天都在發想如何幫助企業主結合群眾。

文字編輯：蔡孟璇 / Lamber
生活就是球賽 / 歐巴 / 跟一坨貓
上班是文字編輯的雜事處理器，下班不是在玩貓貓就是在被貓貓玩，薪水不是花掉了而是在貓肚子裡ヽ(ˊ_ˋ)ノ

特約文字編輯：廖怡亭 / Kerry
追逐自由自在生活
用文字紀錄追逐夢想與生活溫度，透過分享讓更多知道他人的創業歷程與成功心法。

採訪規劃師：翁若琦 / Lisa

標準哈日族

希望可以透過工作，邀來自己本身也很喜歡的公司或是工作室來到公司分享他們的故事，讓更多人認識他們。

採訪規劃師：吳淑惠 /Sandy

喜歡美的事物 & 品嚐美食

工作上自我要求完美（尤其是績效）為企業主規劃提供專屬的購書計劃以及專業的行銷網路宣傳。

採訪編輯：賴薇聿 /Kelly

喜歡花喜歡花語的巨蟹座

邀約企業主跟開放不一樣的客戶，希望他們在這邊都能在這邊順利完成採訪，也喜歡和客戶聊聊天。

特約文字編輯：蘇翰揚 / kevin

熱愛科技的產業分析師

透過訪談，來了解中小微型業者在經營上遇到的挑戰與突破困境的策略，將更多成功案例讓其他人參考。

特約文字編輯：許小芬 /Sera

旅遊美食家

藉由多位創業者分享他們的創業過程及甘苦談，也讓我得到很多人生啟發，以及得到更多寶貴的資訊。

特約文字編輯：劉妍綸 / Lena

崇尚當下、即時行樂者

每位創業主的經驗、故事都是獨一無二的，謝謝獨角讓我有機會、參與分享這些主角們的生命故事。

獨角主播
Yumi

獨角主播
Amy

獨角主播
美雯

獨角主播
Aaron

獨角主播
大金

獨角主播
Jolie

獨角主播
Erin

獨角主播
Joe

獨角主播
玉馨

獨角主播
Eason

獨角主播
雅雯

獨角主播
雅雯

獨角主播
Angie

獨角主播
小喵

獨角主播
潘潘

獨角主播
Chris

獨角主播
白白

獨角主播
吉慶

獨角主播
尹齡

獨角主播
Taru

獨角主播
Ace

獨角主播
Ysann

獨角主播
Wendy

獨角主播
Vivi

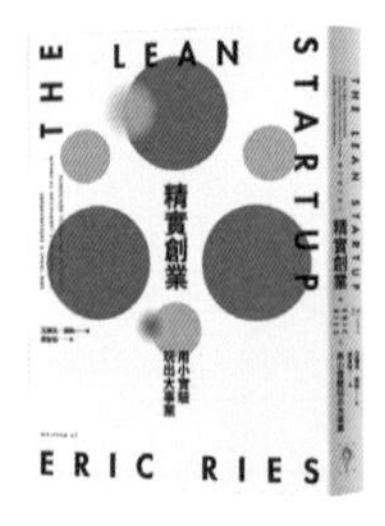

精實創業-用小實驗玩出大事業 The Lean Startup　/ 設計一門好生意 / 一個人的獲利模式 / 獲利團隊 / 獲利時代-自己動手畫出你的商業模式

07
我創業我獨角
我創業，我獨角。
#精實創業全紀錄 #商業模式全攻略
UNIKORN Startup
07
Exclusive Interview
聯合推薦
台灣上市前預購14000冊
電子書版本/Podcast影音同步上市

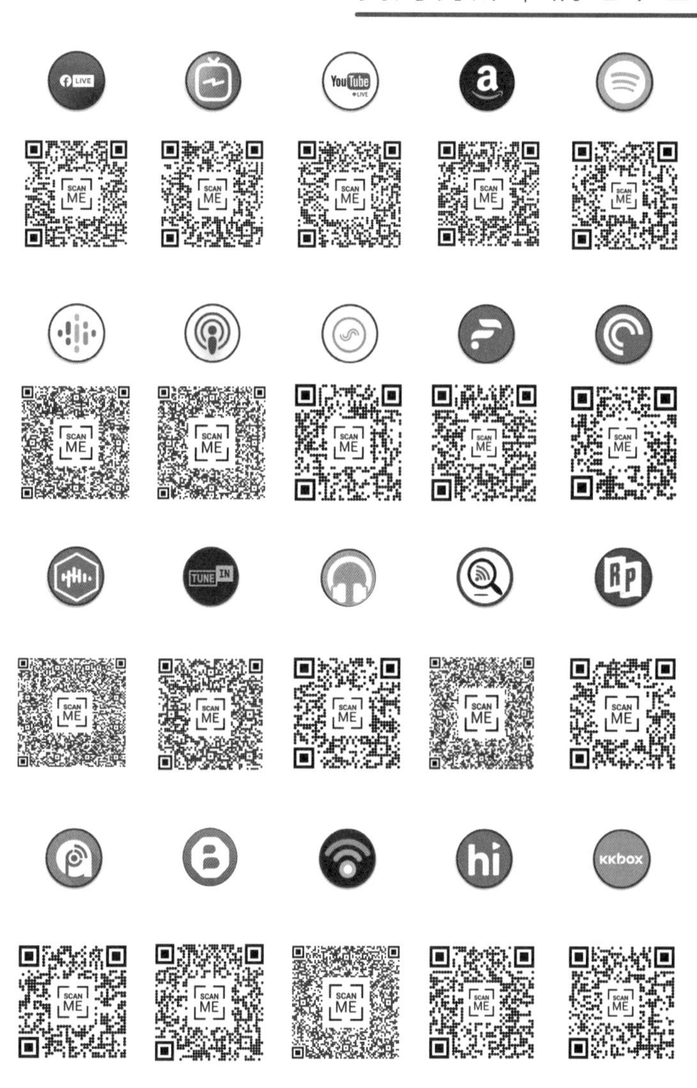
LIVE
YouTube
TUNE IN
KKbox
SCAN ME

我創業，我獨角 no.7

#精實創業全紀錄，商業模式全攻略

UNIKORN Startup 7

國家圖書館出版品預行編目(CIP)資料

我創業，我獨角 . no.7 : #精實創業全紀錄，商業模式全攻略
= UNIKORN startup. 7/羅芷羚(Bella Luo) 作. -- 初版. --
臺中市 : 獨角文化出版 : 獨角傳媒國際有限公司發行，
2024.02
面； 公分
ISBN 978-626-98174-0-5(平裝)
1. CST : 創業 2. CST : 企業經營 3. CST : 商業管理
4. CST : 策略規劃

494.1 112021461

作者—獨角文化 - 羅芷羚 Bella Luo
系列書籍專案執行—廖俊愷 Andy Liao
採訪規劃—吳淑惠 Sandy、翁若琦 Lisa、
吳沛彤 Penny、賴薇聿 Kelly
採訪編輯—吳沛彤 Penny、賴薇聿 Kelly
獨角主播— Yumi、Amy、美雯、Aaron、
大金、Jolie、 Erin、 Joe、 玉馨
、Eason、雅雯、 Angie、小喵、
潘潘、Chris、白白、吉慶、尹齡
、Taru 、 Ysann、 Wendy 、Vivi
文字編輯—蔡孟璇 Lamber
特約文字編輯—詹欣怡Bellisa、劉妍綸 Lena、廖怡亭 Kerry
美術設計—薛羽棠 Genie
特約美編—詹蕓凌 Phia
影音媒體—李孟蓉 Gina
監製—羅芷羚 Bella Luo
出版—獨角文化
發行—獨角傳媒國際有限公司
台中市西屯區市政路402號5樓之6
發行人—羅芷羚 Bella Luo
電話—(04)3707-7353
e-mail—hi@unikorn.cc
法律顧問—閻維浩律師事務所
著作權顧問—閻維浩律師
總經銷—白象文化事業有限公司
指導贊助—特別感謝 中華民國文化部

製版印刷 初版1刷 2024年02月初版